A Tony con tanto affetto e stima

Fiorenza de Bernardi

Nov. 2009

Una strada di un chilometro
non porta da nessuna parte,
una pista di un chilometro
porta in tutto il mondo.

museo g. caproni

aeronautica, scienza e innovazione

Pubblicato in collaborazione con

Museo Aeronautico "Gianni Caproni" di Trento

Via Lidorno, 3 - 38100 Trento - Italy

tel +39 0461 944888 fax +39 0461 944900

www.museocaproni.it

Fiorenza de Bernardi

India, Kilo Alpha

Qui Fiorenza, forte e chiaro!

LoGisma editore

Un ringraziamento particolare a Maria Fede Caproni
per avermi incoraggiato a mettere assieme questi ricordi
e per aver reso possibile la loro pubblicazione.

Fiorenza de Bernardi, *India, Kilo Alpha. Qui Fiorenza, forte e chiaro!*

ISBN 9788887621785

Stampato in Italia

Prefazione

Una donna speciale

Non ricordo bene dove ho incontrato Fiorenza De Bernardi la prima volta. Forse all'inaugurazione dell'Aviosuperfice Arrow di Fiano Romano, nei primi anni Novanta. Quel giorno mi chiese cortesemente se potevo farle fare un volo con uno dei nostri apparecchi di volo da Diporto e Sportivo (VDS) poiché, mi disse, erano ormai diversi anni che non volava più e voleva verificare, prima di decidere di ricominciare a volare, se fossi stata in grado ancora di far evoluire un aeroplano.

Pur non sapendo chi fosse, in quanto non mi era stata presentata, fui attratto ugualmente dalla sua personalità e dal suo parlare con un lontano accento toscano. La giornata era ideale, assenza di vento ed un bel sole estivo che rallegrava gli animi. «Posso prenderlo io?», domandò. Fu talmente decisa e ferma nella sua richiesta che io risposi, quasi all'unisono: «È tutto suo!», ed alleggerii la pressione sui comandi.

Ci sembrava nata su quell'aeroplano, virate precise e coordinate, volo livellato al millimetro... «Lei non mi frega – le dissi – ha una grande esperienza di volo e sono sicuro che avrà un bel bagaglio di ore di volo all'attivo».

«Ebbene sì, sono Fiorenza de Bernardi. Prima donna pilota, e poi Comandante di Aviazione Commerciale in Italia», mi sussurrò attraverso l'interfono.

Che cosa penso di Fiorenza? Il diavolo e l'Acqua Santa. Volitiva, coraggiosa, senza peli sulla lingua sia che parli con il suo portiere che con il Direttore dell'Aeroporto dell'Urbe per la cui sopravvivenza Fiorenza combatte, anche in nome del padre, a spada tratta e da moltissimi anni.

Questo suo carattere l'ha certamente aiutata ad entrare nel mondo magico e fatato del volo sino a quel momento appannaggio assoluto, almeno in Italia, di uomini validi, passionali e volitivi quanto lei, animati dal fuoco della stessa passione, ma uomini. Bravi, preparati, coraggiosi ma1 tutti uomini e per Fiorenza apparve necessario ed opportuno stabilire e dimostrare che anche le giovani e diafane pulzelle avrebbero potuto, usando le stesse armi, "domare" le innumerevoli varietà di "macchine volanti" e "conquistare", usa proprio questa parola, i titoli aeronautici. Ed è arrivata al grado più alto, Comandante di Linea.

"Tanto di cappello!".

Beppe Arcangeli

Il Comandante Fiorenza de Bernardi.

CHI È FIORENZA DE BERNARDI

Nata il 22 maggio 1928 a Firenze, è figlia di Mario de Bernardi, vincitore della coppa Schneider del 1926 e tra i più grandi piloti italiani di tutti i tempi. Dopo il brevetto di 1° grado (1951), conseguì quelli di 2° grado, volo a vela e 3° grado.

Per dieci anni fu copilota di Robert Goemans, rappresentante europeo della Piper, con il quale partecipò a molte gare e raduni. Nel 1967 seguì il corso IFR basico presso la scuola di Alghero, volando con il P.148 e diventando una delle prime donne italiane a volare su un aereo militare.

Nel 1967 fu assunta da Aeralpi, dove completò il corso IFR e ha volato come copilota su Skyvan e Twin Otter. Poiché la compagnia Aeralpi effettuava alcuni voli con codice AZ, è stata la prima donna a trasportare passeggeri Alitalia. Più tardi è stata anche la prima donna italiana abilitata al volo in montagna.

Vola successivamente con Aertirrena, dove diviene comandante prima sul bimotore ad elica Beechcraft Queen Air e poi sul trireattore Yak 40, per il quale effettuò uno specifico corso a Mosca. Passa poi ad Avioligure, Aeral (dove pilota il DC8, sui quale si era abilitata presso Alitalia), ed infine la Cadabo, ancora con lo Yak.

Dopo oltre 7000 ore di volo, la sua carriera si concluse nel 1985 per un incidente d'auto. Fondatrice dell'Associazione Pilote Italiane (oggi Associazione Donne dell'Aria), in occasione del raduno di Roma delle Isa+21, ha pubblicato nel 1988 il libro *Pink Line*.

Alcune domande a Fiorenza

Qual è il tuo primo ricordo aeronautico?

In braccio a mio padre su un biplano. Avevo forse due anni. Non ricordo cosa provai, ma da allora ho sempre giocato a rimpiattino negli hangar e sono cresciuta in mezzo agli aerei senza mai pensare di pilotarli.

Qual è stato il tuo primo volo?

Su un S.79 a Guidonia. II comandante Aldo Gerardi doveva fare un volo prova e mi disse: «Vuoi salire?».

Cosa ti ha spinta a volare?

La curiosità. Cominciai le lezioni con mio padre e una virata dopo l'altra trovai che il volo mi piaceva, anzi mi entusiasmava, anzi, che sarebbe stata parte della mia vita.

Quando hai decollato da sola?

Il 30 maggio 1951. Mio padre avrebbe voluto allenarmi ancora, ma io fremevo. Un giorno gli dissi che avrei fatto un giretto con un istruttore, invece montai sull'FL.3 e via nel cielo azzurro da sola! Fu bellissimo. Feci l'atterraggio più dolce della mia vita. Lui non si arrabbiò, anzi a casa ammiccò alla mamma come per dire che era contento di me.

Quale consideri il tuo maggior successo aviatorio?

Essere accettata come pilota di linea nel 1967, prima donna italiana e quinta nel mondo a vestire la divisa e portare passeggeri in voli commerciali regolari, charter e aerotaxi. Questo mi ha dato soddisfazioni e riconoscimenti dalle associazioni internazionali, dalle 99's alle Women in Aviation alle Isa +21, tra le quali conto grandi e sincere amiche.

Hai dei sogni nel cassetto?

Vedere l'aeroporto dell'Urbe divenire il city airport di Roma, togliendolo dal degrado, sfruttando la moderna torre di controllo e trasformandolo in valore per tutti i cittadini.

Cosa ha maggiormente influenzato la tua carriera?

La vita con mio padre, seguirlo nelle gare, ammirarlo nelle sue meravigliose acrobazie con il Ca. 113.

Quale ritieni essere la più grande invenzione aeronautica?

Il motore a getto. Ma vorrei ricordare l'Aeroscooter costruito da mio padre. Un aereo sicuro, monoposto e biposto, a basso costo, per i giovani. Omologato per scuola e turismo, negli anni Cinquanta riscosse un certo interesse. Purtroppo l'Iri, nonostante un contratto, si tirò poi indietro mettendoci in difficoltà anche nei confronti di alcuni clienti esteri. Oggi lo ricostruiamo come ultraleggero, per dimostrare che l'idea, se fosse stata seguita, avrebbe dato all'Italia lavoro e guadagno.

Detieni qualche primato aeronautico?

Tengo a ribadire di essere stata la prima donna pilota di linea in Italia (e anche la prima comandante), perché ho senz'altro contribuito ad aprire la strada alle altre.

Quale esperienza aeronautica ti è rimasta più impressa?

La notte sui ghiacciaio dell'Adamello con il PA18. Con due amici, anche loro bloccati dalle nubi, costruimmo un igloo e ci passammo la notte a meno 20° nel meraviglioso silenzio che avevo imparato ad amare nei miei trascorsi montanari. Fu emozionante e bellissimo.

Qual'è stato il tuo momento aeronauticamente peggiore?

Quando all'Aeralpi finimmo in laguna, a testa sotto, con lo Skyvan. Ma ora lo ricordo quasi con orgoglio per come ce la siamo cavata.

Qual'è il tuo aereo preferito?
Li ho amati tutti. Ma lo Yak 40 è stato la mia seconda casa. Ci ho volato per anni, portandolo fino in Australia e volando anche in Grecia per la Olympic.

Qual'è il tuo aereo meno preferito?

Non riesco a vederlo. Dall'FL.3 al DC8, dall'aliante Canguro al PA18 in montagna, sono tutti bei ricordi!

Fiorenza, figlia d'arte, in collo al padre Mario de Bernardi.

La mia bella mamma bruna con gli occhi verdi.

Una delle prime donne a portare la macchina.

DOVE ATTERRÒ LA CICOGNA: LA MIA FAMIGLIA

Mia madre Maria Vittoria Falorsi *

La mia mamma, Maria Vittoria Falorsi, nata a Firenze dalla nonna Ida e dal nonno Guido, era chiamata Maruzza dai fratelli e durante la guerra fu crocerossina sempre pronta e attiva. Sposò mio padre Mario de Bernardi e visse con lui diversi anni a Montecelio dove c'era la Sperimentale di cui mio padre era Comandante.

Desidero dedicare un ricordo da regalare all'Aeroporto di Pratica di Mare "Mario de Bernardi" con foto e imprese eccezionali nate a Montecelio e poi Guidonia, dalle quali il progresso dell'Aviazione è poi continuato brillantemente a Pratica.

Era una vera vita da pionieri e mamma all'epoca non esternava facilmente i suoi sentimenti. Un giorno era appoggiata ad un hangar quando vide l'aereo di mio padre prendere fuoco. Lei rimase silenziosa e non si mosse. Il dottore del campo che era presente la prese per le spalle dicendo: «Signora Maria, signora Maria!», e lei, apparentemente tranquilla rispose: «Aspetto». Grazie a Dio mio padre riuscì ad atterrare senza conseguenze.

Mario de Bernardi

Mio padre, comandato, arrivò al Campo Sperimentale di Montecelio, tra Roma e Tivoli il 13 aprile del 1921. Allora dirigeva il campo l'eroico Capitano Luigi Sella, col quale mio padre poté affiatarsi bene.

Quando, due mesi dopo il Capitano Sella cadde sul campo e morì nel rogo del suo apparecchio, Mario fu destinato a sostituirlo per le sue competenze e per la sua eccezionale abilità di pilota.

Ebbe così a disposizione molti tipi di velivoli italiani e stranieri e gli fu possibile volare ed allenarsi con i Caproni, con i Fokker, con i Bréguet e con i Macchi e fu sempre in contatto stretto e cordiale con i piloti ed i tecnici italiani e stranieri che venivano a presentare i loro aeroplani e da molti ebbe e ricambiò una duratura e preziosa amicizia.

In questo reparto, che era una vera fucina di esperimenti e di invenzioni nel campo aeronautico, Mario de Bernardi portò con passione il suo contributo mentre andava completando gli studi iniziati sulla tecnica del volo. Dalla fine di settembre 1921 al marzo 1922 seguì il corso di perfezionamento presso l'Accademia Militare di Torino, ottenendo di poter continuare l'allenamento dei voli a Mirafiori. Poi riprese con entusiasmo la vita interessante, attiva e serena, tra i colleghi, i tecnici, gli operai civili e militari a Montecelio.

Mario de Bernardi.

L'Italia stava riprendendosi da quel disperato sgomento in cui era caduta dopo la guerra, nonostante che allora fossimo stati dalla parte dei vincitori. L'aviazione risaliva magnificamente la china malgrado mille difficoltà e i piloti italiani venivano riconosciuti, anche dai paesi stranieri, tra i migliori del mondo. Mentre alla Direzione del Genio Aeronautico c'erano allora uomini di grande intelletto e di grande cuore: il Col. Verduzio, il Col. Guidoni, il Col. Costanzi, Gavotti, il Prof. Zonta, a Montecelio si continuavano le prove e le esperienze; molte quelle radiofoniche col Prof. Zonta.

Il 19 giugno 1922, dal campo di Mirafiori, presso Torino, partono in molti tra i 'vecchi piloti' per la Coppa Baracca. Purtroppo il cattivo tempo ostacolò molto la gara ma Mario de Bernardi ebbe il premio offerto dal Comandante D'Annunzio per il lancio di un messaggio radio eseguito presso il pilone di Gardone.

Il 28 luglio 1922, sempre a Montecelio, Mario fece un volo notturno col Dott. Righelli come compagno. Non esistevano ancora le luci di pista ma una luna splendida servì ottimamente per la partenza e l'atterraggio. Il Dott. Righelli, medico addetto al campo, spirito sereno quanti altri mai, cantò durante tutto il volo.

E di nuovo prove ed esperienze radiofoniche, prove con elica a passo variabile, prove per le pompe dell'olio, per il motore, per le candele, per il tubo di scappamento. Ogni giorno collaudi di apparecchi col più vivo interesse, infaticabilmente.

Mario de Bernardi, impermeabile chiaro, al collaudo del Campini-Caproni. Di fronte a lui l'ing. Campini.

Babbo, Mamma e Lalà.

La nostra casa di Montecelio. Da sinistra: 1° ing. Dell'Olio, 4° Ten. Barbieri, 5° Mario, 6° Dott. Zagato, 7° Ten. Lauricella, 8° Ten. Pezzani.

La loro vita per l'aeronautica...*

Io seguivo tutte queste prove ed esperienze tenendomi in disparte – racconta sempre Maria Vittoria – ma già riconoscevo ogni aereo dal rombo del motore. È stata una grande fortuna poter abitare nell'aeroporto stesso insieme a Mario. So che alcune signore mi compiangevano ma a me pareva una vita invidiabile! La sera, del resto, era molto semplice venire a Roma e tuffarsi nella cosiddetta vita elegante.

In aeroporto avevamo due stanze in una casetta ragionevolmente riadattata. Al piano terreno abitava uno dei due medici; al di là di un giardinetto, la palazzina degli Ufficiali con gli alloggi, la mensa e gli uffici. Sopra alla palazzina si ergeva il rudere di una torretta sulla quale salivo tutte le volte che doveva esserci qualche prova speciale, per avere una più ampia visuale del campo.

Avevo sempre con me Lalà, una intelligentissima lupa che ha sempre vissuto con noi finché non ci trasferimmo a Varese per la preparazione della Coppa Schneider.

Con il permesso delle autorità potemmo organizzare anche una Cappellina per la Messa e un cinematografo. L'ingresso era 20 centesimi a testa (10 per le tasse e 10 per le spese dei film), e c'era sempre il pienone di militari, di operai e del capostazione di Montecelio con la famiglia. Organizzammo anche un orto; la terra era ottima e gli ortaggi destinati esclusivamente alla mensa dei militari. In un secondo tempo arrivarono anche alcune famiglie di operai ed io trovai interessante e piacevole occuparmi dei loro bambini ed accompagnarli dal Vescovo di Tivoli per le Cresime e le Comunioni.

Vivevo tra persone che stimavano ed amavano Mario (alcuni operai ormai anziani e perduti di vista da anni, vennero a trovarmi, dopo la morte di Mario, anche da città lontane). Tra i piloti, quasi tutti ex compagni di guerra come Bacula, Keller, Mecozzi, esisteva una vera fraternità. Non ci furono mai discussioni né malumori tra di loro e, malgrado il duro lavoro, qualche scherzo rallegrava sempre la fine della giornata.

La prima volta che Keller fece una prova di lancio col paracadute, appena messi i piedi a terra, tirò fuori dalla giacca un mazzolino di fiori di campo e porgendomelo disse: «Gradisca questo omaggio sceso dal regno di Zaffiro».

Il 28 marzo 1923 insieme all'Ing. Guidi, Mario andò a fotografare il cratere del Vesuvio; si abbassarono molto e tornarono entusiasti.

---

* dal libro di Maria Vittoria Falorsi de Bernardi, *Mario de Bernardi*. Roma, Edizioni Bizzarri, 1976.

Mia zia Fiorenza, Carlo Alberto, nonna Ida con Maria Vittoria sulle ginocchia e Paolo Ernesto.

La nonna Ida Falorsi con me, Piero Buscaroli, la Simonetta Falorsi e la Paola Buscaroli. Piero che ha vissuto un periodo con noi a Roma era molto amato da mio padre. Per me è come un fratello e l'ho stimato molto fin da ragazzino. Divenuto giornalista, professore di musica, ha scritto libri importanti come La morte di Mozart, La stanza della musica, *ecc. Scrisse inoltre l'articolo "L'asso e i fanti di denari" che è pubblicato sul libro di mia madre* Mario De Bernardi *e che voglio pubblicare anche in questi miei ricordi. Simonetta figlia di un fratello di mia madre allegra compagna di giochi, è diventata madre dei quattro figli nella foto a pag.21.*

Nonna Ida

Qualche anno fa, parlando con uno dei nipotini di mia cugina Simonetta, rimasi di stucco quando mi chiese: «Chi era la nonna Ida?». Organizzai allora una riunione di famiglia con relativo pranzo, a Villa l'Oriolo della famiglia Calamai (Maddalena, figlia di Simonetta ha sposato Alessandro Calamai). Vennero da Bologna Piero Buscaroli e famiglia, i Salghetti da Castiglioncello, i Falorsi-Cavina da Firenze. Mio cugino Piero mi portò incorniciata questa bellissima foto con la nonna Ida che ha sulle ginocchia mia madre Maria Vittoria e ci commosse tutti ricordando con un bellissimo discorso la nonna Ida e tutta la famiglia.

«Non sapendo quale dono portare a Fiorenza, ho pensato di portarle questa fotografia che è il fulcro, il centro del culto che tutti abbiamo di questa nonna che fu veramente una donna eccezionale. Questi sono i suoi primi figli avuti dal matrimonio con il nonno Guido; il secondo matrimonio del nonno Guido.

Il nonno Guido era nato nel 1847 figlio di Priamo Falorsi e di Camilla Joubert e aveva sposato Cesira Fabbri da cui ebbe dieci figli. Ricordiamo quelli che abbiamo conosciuto, specialmente lo zio Vittorio come un esempio unico di altruismo, di intelligenza, di dottrina, di energia.

Quando mia nonna sposò il nonno Guido (rimasto vedovo) nella chiesa della Santissima Annunziata di Firenze ci fu una donnina del popolo che davanti alla Chiesa disse: «La vedi quella ragazza? Ha più coraggio di Napoleone!». Infatti assumersi sulle spalle una famiglia con un uomo difficile da gestire come il nonno e dieci figli tra adulti e ragazzi era un'impresa difficile.

Il nonno era un uomo di grande dottrina, di cultura e di principii ma l'"expression qui frappe", quella forza immediata tipica della scrittrice, quella l'aveva la nonna Ida.

Nonna Ida nacque nel 1861. Suo padre Carlo Sestini era nato nel 1833 e aveva sposato una biscugina: Elvira Sestini. Nei rami di quella famiglia ho scoperto che c'era un elemento vivace e trasgressivo, per cui ho ritrovato nella nonna Ida quegli stessi elementi trasgressivi completamente assenti nella famiglia Falorsi, che era invece legittimista, tradizionalista, cattolica nella maniera più tradizionale possibile... Nei Sestini questo nonno Carlo diventa Garibaldino per andare a combattere a Bezzecca nel 1866. Probabilmente era un repubblicano, un irregolare e questo elemento di trasgressione si ritrova anche in Ernestina e in Vittoria che sposò Pieraccini e fu sempre considerata una ribelle per la quiete della famiglia.

La nonna Ida non era una santa familiare ma era una donna attiva e ironica, divertente e piena di umore fino alla fine della vita. Me ne ricordo benissi-

La mia mamma quando abitava a Montecelio, con la fedele Lalà.

Maria Vittoria con la sorella Anna Falorsi Buscaroli (madre di Piero e Paolo).

mo – continua sempre Piero – perché avevo 12 anni ma ero già straordinariamente vivo e pieno di interessi. Mi ricordo quando mia nonna, la sera prima di morire, il 4 dicembre del 1942 a mia madre che la sorprese mentre bisbigliava qualche cosa (aveva una broncopolmonite e ormai era condannata, ma era tranquilla nel suo letto) disse: «Mamma cosa fai, stai pregando?». «Non ricordo gli ultimi versi del Paradiso», rispose. Stava recitandoli perché mia nonna sapeva tutta la Divina Commedia a memoria. Questo nelle famiglie colte della fine dell'800 era normale tanto quanto è normale quello che poi è venuto dopo. Cioè che la nonna sapeva tutta la Divina Commedia a memoria, mia madre ne sapeva alcuni pezzi e solo di alcuni canti, io ne so alcuni versi, e i miei figli non ne sanno nulla.

Nonna Ida fu un'insegnante che scrisse libri stupendi. Per me la prosa del *Cuore dei Ragazzi* è superiore a *Cuore* di De Amicis, è un libro che dovrebbe essere fondamentale nell'educazione della gioventù se esistesse ancora un'Italia, ma l'Italia purtroppo non c'e più...

Per l'educazione della gioventù mia nonna ebbe non soltanto l'ideale pedagogico ma la milizia quotidiana e giornaliera dell'educazione dei propri figli più anziani e di tutti quei giovani che allora avevano già 17, 20, 25 anni ma furono tutti sotto l'influenza morale e intellettuale di quella donna superiore.

Nella foto c'è Carlo Alberto, che nacque subito perché quel matrimonio fu un matrimonio d'amore. Si sposarono nel gennaio 1892 e nel dicembre dello stesso anno nacque Carlo Alberto, poi la Fiorenza che morì a 5 anni, poi Paolo e poi la mamma di mia cugina Fiorenza, la zia Maria Vittoria (poi de Bernardi).

Dopo il gruppo che si vede nella foto, nacquero Carlo (il babbo della Simonetta), Michele che cadde in aviazione non avendo ancora compiuto i venti anni, ed infine Anna, mia madre.

A un certo punto il fulcro di questa famiglia si unisce intorno ai due fratelli che morirono sul Monte Maio nello stesso momento... Carlo Alberto laureato con 110 e lode, quando la lode non si dava a tutti, che poté gloriarsi della sua laurea solo 4 mesi, poco più Paolo, fratello minore aveva già due medaglie d'argento prese in Libia, l'altro la prese sul fronte.

Quando morirono insieme sul Monte Maio nel 1916, quella sera stessa si presentarono al nonno Guido il sindaco di Firenze, Gaetano Pieraccini (che aveva sposato la sorella di Ida, Vittoria) e il Comandante di Corpo d'Armata. Il nonno si fece avanti nella loggia e chiese: «Quale dei due?» e quando non ebbe risposta capì che tutti e due erano caduti.

Tutti gli uomini hanno un futuro, un avvenire, pochi hanno un destino. Il destino di quei giovani ha determinato tutta la storia successiva della famiglia. I Falorsi diventarono l'elemento integratore del patriottismo fiorentino, e quando Mario de Bernardi sposò la mamma di Fiorenza, mia zia Maria Vittoria Falorsi, si ebbe veramente una di quelle unioni di sorti come Benedetto Croce ha raccontato a proposito dei Cairoli in quel bellissimo saggio su una famiglia di patrioti.

Nella famiglia, o nelle famiglie federate, c'è la grande energia mondana del corridore automobilista Carlo Pintacuda che era uno dei Sestini, ci sono letterati, c'è lo scrittore, c'e il nobile dantista come era Guido Falorsi, c'e la gloria letteraria e c'e la gloria militare dei due caduti, dello zio Giorgio che era fratellastro del nonno Guido, di Carlo Falorsi l'ultimo caduto di questa famiglia. La gloria della convivenza umana della capacità di educare i figli e la gloria militare di Mario de Bernardi. Famiglia federata ma che fa parte della nostra.

Oggi le memorie di famiglia sono sempre più desuete e dimenticate perché vengono abbandonate tradizioni, perché questo paese, questo popolo non vuole avere più ricordi perché non vuole avere un destino. Fiorenza, da questa riunione di famiglia, voleva proprio che rinascessero delle intimità, delle amicizie. Qui siamo diverse famiglie ma per il diritto romano, poiché discendiamo tutti dai Sestini, siamo una stirpe. Noi Falorsi, noi Buscaroli, noi Cavina, noi de Bernardi siamo una stirpe. Io vorrei che tutti i figli, tutti i nipoti e i discendenti avessero l'orgoglio di propagandarne e di perpetuarne i valori che sono valori autentici, sono quei valori senza i quali la storia dei popoli, i destini non si compiono e non si compiranno mai».

DALL'ALBUM DI FAMIGLIA DI FIORENZA

Francesca, Corso e Beatrice figli di Piero.

I figli di mia cugina Simonetta Falorsi Cavina (figlia di un fratello di Maria Vittoria): Margherita, Maddalena, Giovanna, Andrea Carlo.

I figli di mio cugino Enzo Squadrilli (figlio di zia Lina de Bernardi, sorella di mio padre). Da sinistra Piervincenzo, Riccardo ed Edoardo.

Mamma mi chiamava: "la mia selvaggetta", mio padre: "il mio fiorellino".
Sotto a destra: Fiorenza sul suo primo "aeroplanino".

IO, FIORENZA

Quando nacqui a Firenze e lui arrivò di corsa da fuori il portiere gli disse: «Ma che bella bambina signor Maggiore!». «Una bambina?!... E perché una bambina?». Ci amammo moltissimo.

Devo tanto ai miei genitori che fin dall'età di 15 anni mi lasciarono libera delle mie scelte. Io avevo bisogno di movimento e di aria aperta e spesso andavo con gli amici a fare campeggio in montagna o al mare. Sacco da montagna, viveri, tende, tutto sulle spalle per rimanere fuori anche quindici giorni di seguito. All'epoca non c'era certo l'abitudine di lasciare girare le ragazze così liberamente, specie se figlie uniche come me ma io, ho potuto godere di questa libertà. E i telefonini non erano ancora stati inventati.

Avevo imparato a sciare al Terminillo dove i miei avevano costruito una casa quando ancora lassù non c'era nessuno, salvo l'Hotel Savoia e grandi boschi di faggi e le discese erano davvero incontaminate! Successivamente sono sorte molte ville ma tutte nascoste nel bosco. La chiesetta degli alpini, arrampicata sopra Pian de Valli, la piana fiorita lì sotto i faggi, le passeggiate, i panini con la mortadella che noi ragazzi andavamo a comprarci dopo tante corse nei boschi (mai più mangiati di così buoni) le cacce al tesoro, le "bande" con i cifrati segreti, le capanne sugli alberi.

Tutti ricordi che mi danno molta nostalgia perché sono stati anni bellissimi, in compagnia dei miei cugini che venivano al Terminillo e della nonna, la nostra cara meravigliosa nonna Ida.

Anni meravigliosi, a scalar montagne, sciare o tuffarsi nel mare. Tutti sport che mi hanno formato il carattere, mi hanno insegnato ad essere indipendente. Sport che praticavo agli inizi assieme ai miei compagni di scuola francesi, russi, olandesi e di altri paesi del liceo francese Chateaubriand che io frequentavo da quando aveva riaperto dopo la guerra e aveva accolto ragazzi di ogni nazionalità, con ottimi professori che pretendevano la disciplina ma che erano spesso con noi nelle nostre scorribande di boyscout.

Come non ricordare il Prof. Robert Kienast che insegnava letteratura, storia e geografia ma interessandoci anche alle stelle e alla natura. Era ancora un ufficiale giovane e brillante che ci insegnava le canzoni popolari francesi marciando per le strade alla conquista di luoghi nuovi, di vette e di serate intorno al fuoco.

Con molti di quei compagni di scuola sono rimasta ancora in contatto. Irene Malischeff mi aveva insegnato il francese; era la nostra "Cheftaine des Guides de France". Ritrovai Sighé Vitali, bellissima e intelligente, di padre italiano e di madre eritrea, durante un periodo che trascorsi in Inghilterra quando

Campeggio: Campo di Luna, Da sinistra: l'Abbé Perron, Angelica De Chirico, Fiorenza, Tati, Sighè, Radice, Dolly Gallia, Irene Malisheff.

Inghilterra: in attesa di un camion!
Gina Almagià, Pilù Bargagli, io e due studenti incontrati per strada.
Combinazione: uno abitava a Firenze nel palazzo di mia cugina Simonetta.

Pilù, Fiorenza e Gina studiano il percorso del viaggio inglese.

ci facevamo matte risate cercando di imparare a pattinare sul ghiaccio. Con Gina Almagià e Pilù Bargagli facemmo una vacanza divertentissima andando in autostop da Londra alla punte estreme della Scozia. Dormendo negli alberghi della gioventù dove spesso la mattina eravamo costrette a rimanere "in punizione" a pulire le cucine per via del chiasso organizzato la sera prima. L' allegria era di casa, per fortuna.

A SCUOLA DI ROCCIA

Nel 1947, con Paola Sartogo, iniziai la scuola di roccia e tutte le domeniche andavamo ad arrampicare al Monte Morra (zona Gennaro) con i ragazzi poco più grandi di noi ma istruttori del Club Alpino. E a quell'epoca i cori degli alpini, cantati sui treni durante il viaggio o sulle scale di via Gregoriana dove era la sede del CAI, ci scaldavano il cuore e rafforzavano la nostra amicizia che dura tutt'ora. Da quelle scorribande passai presto ad impegnarmi su montagne più difficili: dal Monte Bianco, alle Grandes Jorasses, dall'Ortles alle Cime di Lavaredo. Dalle arrampicate estive, alle sciate invernali sulla Marmolada, in Val Gardena ecc.

Una volta, in Marmolada rimanemmo bloccati dalle nevicate e dal pericolo di valanghe, presso il rifugio Fedaia. Tre giorni nel silenzio della natura, staccati dal mondo, al calduccio delle nostre cuccette.

Luciana Pellegrini è stata la prima romana a salire sul Monte Bianco. È stata la compagna coraggiosa e simpatica di molte arrampicate e negli accantonamenti della S.U.C.A.I. Divenuta tenente della Croce Rossa è stata volontaria sia all'Ospedale Militare del Celio sia al Policlinico, sempre pronta ad aiutare amici e sconosciuti.

Luciana Pellegrini.

Verso la Grande di Lavaredo con Eraldo Broso e Gabriella.

Con Franca Pompei, accantonamento S.U.C.A.I. Cresta Eiskogel, 31-7-1947.

Scuola di roccia al Monte Mirra.

Non so più a che ora partimmo: certo era buio pesto e dal sonno non riuscivo a tenere gli occhi aperti. Per la prima volta mi accorsi di voler bene a quella specie di paglıericcio che avevo lasciato al rifugio Boccalatte, quel pagliericcio caldo e morbido... o almeno così me lo ricordavo mentre inciampavo fra i sassi del ghiaione. Poi, per grazia di qualche benevolo santo riuscii a mettermi i ramponi e a seguire Massimo sul ghiaccio. Ahi com'e' duro calle!

Le lampadine sembravano lucciole sparse in quella immensa distesa scura. Cercavo di godermi il cigolio dei ramponi. Quante volte l'avevo sospirato e rimpianto durante le ore di clausura a scuola! Ed ora ero finalmente sotto le stelle, all'aria libera... ma che sonno! Arrivammo al Reposoir che cominciava ad albeggiare.

La prima sosta. La prima prugna secca. Che bellezza! E il sonno se ne andò con la notte e quando cominciammo ad arrampicare la faccenda fu assai più interessante. La roccia era facile, bastava andare su la cresta cercando di non volare né a destra né a sinistra perché allora non sarebbe stato più così divertente. Con qualche dito sbucciato eccoci al couloir con i suoi crepacci nascosti e i ghiaccioli affilati e verdi dentro le spaccature. Ma a quell'ora mattutina si passò facilmente e ci togliemmo nuovamente i ramponi. Bisognava fare un diedro e un pezzetto di cresta della Whimper per ritrovarci sul ghiaccio. Quelli rimasti al rifugio cominciavano a svegliarsi in quel momento, forse Piccinaccio stava ancora tossendo nel sonno e Mario pensava con terrore e rassegnazione all'acqua che doveva andare a prendere.

Noi ormai eravamo sotto il sole e il ghiacciaio scintillava abbagliante. La vetta, la tanto sognata vetta Walker, ci stava davanti. L'ultima cresta, l'ultima via crucis e poi un vento freddo, una cima candida, una vista magnifica da 4208 metri. Urrà!

Le bellezze del Cervino, del Rosa, del Ruitor e del Bianco che ci apparvero tutte insieme splendenti di luce, sono indescrivibili. Il nostro sguardo spaziava al di sopra di quelle cime fantastiche e si perdeva lontanissimo, laggiù, attraverso la Francia.

E togli emetti e metti e leva con quei ramponi non se ne poteva più. Così pensammo di tenerli tutto il tempo e fra stridolii sinistri cominciammo di nuovo a cercare gli appigli. Il piede sinistro qui, la mano destra là... molto meglio togliersi i ramponi! Ma su quelle placchette di ghiaccio che allegria. Eppure bisognava far presto perché la neve cominciava a sciogliersi e quando arrivammo al couloir cadeva nei crepacci con dei pluf sospetti. Salutammo un bel sassone tondo che ci passò a razzo davanti al naso e con un po' di batticuore

Cima grande di Lavaredo con Gilberto del Sole, oggi noto pittore in sud America. Da quando è partito dall'Italia sono passati cinquanta anni. Ma è venuto a trovarci e ci telefona ogni settimana.

Festa di Dobbiaco, 15.8.1949. Da sinistra: Berta Schweitzer mia cara amica, io, Claudio Midulla, Gabriella e Gilberto.

Verso il Reposoir alle Grandes Jorasses con i ragazzi della S.U.C.A.I.

cominciammo la traversata. Pareva di camminare sulle uova. Ma Giancarlo doveva avere ancora un buon rifornimento di energia e di vitalità che scaricò sul più bello, saltando sopra un ponte. Ma come dice Venanzi (uno degli anziani del CAI) c'è un Dio speciale per le galline che attraversano la strada e per i Sucaini, infatti Giancarlo si trovò sotto i piedi un altro ponte ben solido e sprofondò solo mezzo metro.

Fu con soddisfazione che preparammo la granatina di marmellata di fragole, seduti comodamente fuori dalle scariche che rombavano intorno. Con un chiodo da roccia mangiammo la granatina godendoci l'ultimo sole della giornata. Il rifugio era già nell'ombra quando pregustammo il momento in cui saremmo stati di ritorno. Ci saremmo addormentati sognando ancora il sole, l'aria e la libertà. Con questa prospettiva attaccammo l'ultima roccia dimenticando i nostri nasi spelllati le mani sgraffiate e le ginocchia stanche. Pensavamo solo che vale davvero la pena di vivere.

... al Boccalatte

Mi infilai in bocca una forchettata di riso e uscii correndo. Cercavo di non far rotolare i sassi del ghiaione per non far rumore. Avevamo l'animo sospeso e le orecchie tese. L'aria stessa, così fresca e pura, sembrava appesantita da qualche cosa di insolito, quasi da un senso di sgomento. Arrivata sulla cima dell'altura, proprio dove cominciava il ghiaccio, mi fermai e mi accoccolai per terra stringendo meglio la mia giacca a vento.

Giù nel rifugio il fuoco scoppiettava allegro, la cena era pronta e stavamo mettendoci a tavola con la solita avidità, quando ci accorgemmo che tre di noi non erano ancora rietrati. Gilberto aveva portato con sé due amici non molto esperti di montagna e al ritorno (lo sapemmo dopo) avevano sbagliato canalone. Le squadre di soccorso furono pronte in due minuti, due presero la via del ghiacciaio, due quella del ghiaione.

Ora bisognava attendere i segnali ed io rimasi di guardia sull'altura per lungo tempo. Udivo qualche bisbiglio che saliva dal rifugio, poi non sentii più nulla. In quel paesaggio maestoso pareva impossibile che un essere umano potesse tenerci i piedi con tale disinvoltura.

Le vette del Piccolo e del Gran Zebrù si profilavano nere e taglienti contro il cielo. Il ghiacciaio sottostante era illuminato dalla luna che serena e pacifica come sempre forse sapeva dove erano i nostri amici ma non poteva dircelo e continuava a sorridere. Le stelle che la circondavano, grandi, palpitanti, indescrivibili. In città le vediamo offuscate da un velo di polvere e di fumo ma lassù l'infinito era limpido e le stelle, nitide, meravigliose. Esse sembravano gettare, lungo il raggio della luna, un pulviscolo di diamanti che si spargeva sul ghiacciaio rendendolo scintillante, argenteo. Solo qua e là strisce scure

Gabriella, Massimo ed io verso il campeggio di Ponza.

La casa di famiglia al Terminillo.

interrompevano il candore; i crepacci, i traditori, terribili crepacci che invece, sotto il sole, con le loro stalattiti verdi e azzurre sembrano grotte delle fate.

Avevo sentito il cigolio dei ramponi e il battere della piccozza mentre le due cordate si allontanavano, ora percepivo solo il gorgoglio dell'acqua che scivolava fra i seracchi a testimoniare che la staticità della terra intorno a me era solo apparenza.

Un richiamo lontano mi fece sussultare. Scattai in piedi e fui pervasa da un brivido di freddo. Il richiamo si propagò nei dintorni, rimbalzò sulle rocce, salì sempre più alto e si spense quasi in un lamento. Non ebbe risposta. Vennero a darmi il cambio e quando richiusi alle spalle la porticina del rifugio, sentii il sonno chiudermi gli occhi.

La brace stava spegnendosi e i piatti di alluminio ancora in disordine sul tavolo luccicavano debolmente intorno alla candela. Andai a gettarmi sul mio paglericcio che in quel momento mi sembrava un letto di piume ma non potei dormire. Il tempo continuava a passare monotono e snervante. Finalmente alle 5 il silenzio fu rotto e ognuno di noi domandava, rideva, brontolava intorno alle squadre di soccorso e ai tre dispersi che erano di nuovo tra noi. Poco dopo si udiva il respiro calmo e regolare di chi dorme sotto un tetto sicuro.

L'agitazione e la contentezza degli ultimi momenti mi avevano ricacciato il sonno. Fra non molto il sole sarebbe sorto con la sua luce pallida e i colori sfumati. Decisi di attenderlo sveglia, tirai fuori il paglericcio e mi avvoltolai nel sacco a pelo. Se avevo fortuna avrei potuto ammirare gli snelli e agili camosci in fila indiana su pei costoni.

Mi svegliò una goccia d'acqua fredda e pesante che cadde dal tetto. Che rabbia! Mi ero addormentata. Il sole era già alto a la capretta zoccolava intorno. Le rocce avevano preso il loro colore caldo e il ghiacciaio scintillava un po' azzurrino. La giornata era magnifica, non pensai più ai camosci e mi sentii di ottimo umore. Quando c'è la salute e la libertà, la vita è bella. Perlomeno in quel momento mi pareva meravigliosa e ringraziai Dio per avermela data. Sentii il bisogno di condividere la mia gioia e corsi dentro a svegliare la comitiva. Poco dopo eravamo tutti riuniti a fare colazione.

I timori della notte erano scomparsi. Il sole ci scaldava il cuore, ci faceva nascere nuovi progetti e nuove speranze.

Con Giorgio Vincenzi.

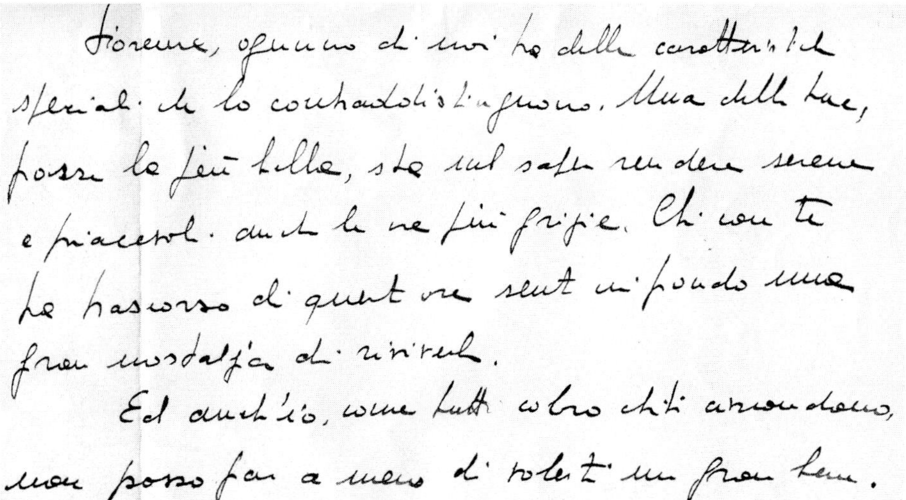

Fiorenza, ognuno di noi ha delle caratteristiche speciali che lo contraddistinguono. Una delle tue, forse la più bella, sta nel saper rendere serene e piacevoli anche le ore più grigie. Chi con te ha trascorso di queste ore sente in fondo una gran nostalgia di riviverle.

Ed anch'io, come tutti coloro che ti circondano, non posso far a meno di volerti un gran bene.

Giorgio Vincenzi. luglio 1947.

Fiorenza e Massimo Missan su un faggio del Terminillo, 18-19 settembre 1954.

Monguelfo 1949 con Gilberto.

SALVAMENTO

Circolare n. 3

15 aprile 1950

ATTIVITA' ADDESTRATIVA

La serie dei brevetti di abilità nel salvamento a nuoto è stata aperta in gennaio dai Vigili Urbani di Torino (Istruttore Col. Vaudano). In marzo, a Roma, si è chiuso il 1° Corso allievi della Scuola Centrale Militare di Educazione Fisica (Istruttore Cap. Dapas) ed il 1° corso presso il I Corpo dei Vigili del Fuoco (istruttore il V. F. D'Andrea).

A Roma, presso il Centro permanente di addestramento, si è perfezionato l'Istruttore Gatta Giuliano e si sono brevettati vari ottimi elementi, anche di grande valore atletico, come il recordman Aldo Fioravanti; Fiorella De Bernardi, figlia dell'asso col. Mario, ha dato inizio all'attività della sezione femminile del « Nucleo nuoto e salvamento » direttamente dipendente dalla Sezione Centrale.

Salvamento in piscina

Con Gina iniziai un corso di salvamento in piscina dove avremmo dovuto diventare delle abili bagnine. Infatti imparammo a tuffarci da un modesto trampolino e a nuotare sott'acqua.

In quegli anni, dopo il liceo ho frequentato l'Accademia di Belle Arti (scenografia), andavo a lezione di nuoto e anche di ballo perché mia madre mi aveva detto: «All'età tua almeno il valzer devi saperlo ballare». Mi prese così una gran passione per il ballo, tanto che con Gianfranco Rosa, fratello del mitico Marcello del jazz, vinsi molte gare.

Portai Gianfranco a volare con un piccolo aereo dell'Aero Club, lui che non sapeva nemmeno dell'esistenza dell'Aeroporto dell'Urbe. Ci prese gusto tanto che finì per andare a fare il militare in Aeronautica e diventare poi Comandante all'Alitalia.

Quanti amici ho portato in volo nella mia vita di pilota sportiva e quanti si sono appassionati a questo sport! Io che da ragazzina dicevo: «Appena finito di studiare comprerò una baita in montagna, venderò birra e salsicce e non scenderò mai più in città ».

La mia prima auto: una Jorge Iratche vinse la Parigi-Versaille nel 1928.

Successo della gimkana
al Campo Roma

Ecco i risultati della gimcana disputata al Campo Roma:

I CAT.: 1. Bandini-Sera di Cassano (Fiat) p. 184; 2. Puccini-Rodriguez (Volugrafo) p. 205; 3. Salvatori-Salvatori (Fiat) p. 213.

II CAT.: 1. Serlupi-Bruschi (Fiat) p. 178,7; 2. Marzotto-Marzotto (Aprilia) p. 179,8; 3. Gaetani-Masetti (Fiat) 181,5.

III CAT.: 1. Borelli-De Bernardi (Alfa Romeo) p. 194,6; 2. Gerini-De Croy (Chevrolet) 199,5; 3. De Bernardi-De Bernardi p. 205.

MOTOSCOOTER: 1. Rosati-Costantini p. 85,8; 2. Bellucci-Jacobitti p. 98.

JEEPS: 1. Grasso-Valli p. 147,8; 2. Cervellini-De Bernardi p. 200,4; 3. Barberini-De Croy C. p. 206.1.

L'equipaggio composto da Borelli (capo della Polizia) e Fiorenza de Bernardi si piazza al 1° posto della III categoria, nella Gimkana in auto. Ancora Fiorenza, assieme a Cervellini, si piazza seconda nelle prove con la Jeep.

Era venuto coll'autombulanza
er cherubino biondo e delicato
cor braccio ar collo, er gomito fasciato,
dell'Agneli Custodi all'adunanza.

E quanno je toccó de fa' er discorso,
de racconta' che jéra capitato
se mise a piagne come un disperato
e poi – ripreso fiato – tajó corto:

"Signori miei, l'anima benedetta
che mi venne affidata dal Consiglio
é bella e dorce, pura come un gijo,
perchè se tratta de 'na fanciulletta.

Peró, Gesummaria, me sia concesso
ch'é un poco faticoso annaje appresso!

....la dovete vedè quanno se butta
giù pe' la neve fresca a precipizio
io ch'ho provato a fa' quell'esercizio
(pure coll'ali), me la vedo brutta;
e se me ci avvicino lieve lieve
m'ariva in testa 'na palla de neve.

La domenica poi ce so' i dolori:
te se mette a salì pe' le montagne
e appresso te ce canta certe lagne
che sulla terra so' chiamate cori.
E invece d'anna' a letto, quanno è sera
verso le due, prepara la tejera.

E gioca coni chiochi, i moschettoni
invece de fa' i compiti de' scola,
e se la lasci un momentino sola
s'arampica su tutti i cornicioni
Signori miei, nun ve la do da bere:
nun ce la faccio più, cambio mestiere!

Dov'è passata lei, si tu te guardi,
de sano, intorno, nun ce sta più gnente„
San Pietro barbottò: "Segno evidente
che parli de Fiorenza de Bernardi„
A 'sto discorso, se svejò San Zeno
che dormiva appoggiato a 'na ringhiera:
strabuzzò l'occhi, bianco come cera,
"Semo fregati!„ disse, e venne Meno -[1]

[illegible]

---

(1) = Meno era un angelo di passaggio -

Fiorenza de Bernardi a bordo di FL 3 con accanto il padre Mario.

A Rieti, brevetto di volo a vela anni 1956-'58 con il Canguro I-AECZ.

Quella sagoma di Fio Fio

Vi pare la ragazza che stia pensando a sposarsi? Eppure sono sicuro che proprio allora, durante i campionati, proprio mentre candidamente ci baciava, Ferro e me, sulla guancia sinistra, stava meditando ai danni di Sandro il colpo che ne ha fatto ora la Sig.ra. Carocci.

Noi volovelisti siamo così pochi che abbiamo dovuto prendere accordi affinchè Fio non ci venisse rapita: siamo in misura di assicurarvi tutti, Fiorenza rimane qui, noi le vogliamo bene, lei lo sa.

Auguri Fio, a nome di tutti.

Giancarlo

L'articolo qui sopra è firmato da Giancarlo Silva

IL MIO PRIMO VOLO

Avevo cominciato a volare con mio padre così per curiosità poiché la mia vera passione era la montagna e pensavo, andando a scuola, che un giorno, finiti gli studi, avrei comprato una baita in Val Gardena, avrei venduto birre e salcicce e non sarei più scesa nella confusione di una città.

Durante i primi voli mio padre mi nascondeva alcuni strumenti o l'altimetro o l'indicatore di velocità perché voleva che io riuscissi a regolarmi durante il volo e ad atterrare anche se uno di essi fosse andato in avaria. I piccoli aerei da turismo li "senti" con il tuo corpo e puoi quindi dominarli, con un po' di pratica, anche senza strumenti. Dovevo imparare ad uscire da una vite nel caso vi fossi entrata involontariamente (questo può succedere riducendo troppo la velocità o virando troppo stretto).

Ho sempre ricordato i sani consigli di mio padre come quello di tagliare i tratti di mare direttamente da un punto ad un altro perché o si vola sulla costa o si deve ridurre al massimo il tempo di volo sull'acqua e quindi c'è meno pericolo di una piantata di motore; il volare, come tanti fanno sul mare, guardando la costa da lontano ti da una sicurezza psicologica sbagliata tanto se devi ammarare non ci arriverai mai a nuoto.

Dopo un buon allenamento mi sentivo sicura e un giorno dissi a mio padre che avrei fatto un volo con il Comandante Morici, istruttore della società Alica. Mi infilai invece nell'aeroplanino, detti manetta e partii per il mio primo volo da solista.

Un falco veleggiava sotto di me. Bellissimo con le sue ali spiegate nel cielo azzurro dell'Aeroporto dell'Urbe ed io ero sopra di lui! Il rombo del piccolo motore dell'FL3 mi teneva compagnia e l'emozione di volare, finalmente da sola, era grande. Quel giorno sapevo che avrei volato ancora, che quella passione che non ti lascia più era entrata in me con tutto l'entusiasmo dei miei vent'anni ma non immaginavo davvero che avrei volato ben 35 anni della mia vita e che sarei diventata la 1° pilota di linea italiana e poco dopo la prima comandante.

Tutto andò bene e quando tornammo a casa mio padre ammiccò alla mamma per farle capire che era soddisfatta di me.

Quel mio decollo avvenne il 21 luglio 1951, quando si volava senza radio e si attendeva il razzo verde per poter atterrare. I primi anni di volo furono sportivi. Raduni, gare aeree, presentazione di velivoli e anche lavoretti come lanciare manifestini sulla città.

Un clamoroso incidente *

«L'aereo dell'Asso de Bernardi, precipita su Villa Abamelek. Drammatico incidente aviatorio dell'asso de Bernardi nel cielo del Granicolo». Questi ed altri ugualmente preoccupati, i titoli dei giornali di quel giorno.

Da «Il Momento»: «L'Asso de Bernardi fracassa l'aereo nella Villa dell'Ambasciatore sovietico. Il popolare asso dell'aviazione Mario de Bernardi ha avuto ieri, un incidente che solo in virtù della sua presenza di spirito, non ha avuto conseguenze tragiche. Il de Bernardi pilotava un aereo da turismo tipo Macchi 308 ed aveva a bordo la figlia Fiorenza anch'essa pilota con brevetto civile di 2° grado, quando ebbe una secca piantata di motore.

«Ho capito che non c'era nulla da fare – ha raccontato de Bernardi – ho visto uno spiazzo circondato da alberi e ho pensato che era l'unico dove potessi tentare un atterraggio di fortuna. Sono riuscito con la velocità che ancora teneva l'apparecchio, a superare la prima fila di alberi , per evitare di investire un secondo filare che si trovava al limite della radura, ho virato con un secco colpo di pedale a sinistra, facendo stallare l'aereo e toccando terra con un impatto relativamente violento».

Mio padre aveva fatto urtare a terra l'aereo dal lato sinistro anche per attutire il colpo a me che stavo seduta alla sua destra. In un attimo aveva pen-

Fiorenza de Bernardi con suo padre accanto al relitto del Macchino 308 dopo l'atterraggio fortunoso nel giardino dell'Ambasciata sovietica a Roma.

* Da «Il Popolo di Roma» del 5 giugno 1953. Come riportato dal libro di Maria Vittoria Falorsi de Bernardi, *Mario de Bernardi.* Roma, Edizioni Bizzarri, 1976

sato a mille cose, calcolato, deciso. Si trovava a quota molto bassa sulla città perché effettuava un lancio di manifestini per il M.S.I del quale era candidato; ma questi, ironia della sorte, rimasero sciorinati sul prato dell'Ambasciata sovietica.

Nell'urto il motore si staccava dall'aereo, noi fummo proiettati fuori, liberi da qualsiasi ostacolo. Ci ritrovammo sdraiati sull'erba incolumi! Io scavalcai un muro di cinta e fermai un vespista per farmi portare ad un telefono e tranquillizzare mia madre. Intanto nella villa entrarono pompieri, giornalisti, numerosi passanti che si congratularono per lo scampato pericolo.

Il Generale Crocco mandò questo simpatico telegramma:

«At aquila più anima non occorre motore».

... MA TANTE GARE AEREE...

Mio padre ed io continuammo a fare gare insieme come quella "del Golfo" a Napoli, il 6 giugno 1954, su Ala Parma, con il quale ci piazzammo terzi in classifica generale ma primi fra i cinque con lo stesso tipo di macchina. Con Grazia Serena Sartori, una delle pilote più decise e in gamba che io abbia conosciuto, facevo equipaggio femminile. Volavamo con aerei tipo Macchi 308, AM 10 (l'Ala Parma), FL55.

Una volta su venti equipaggi partecipanti, noi, unico equipaggio femminile, vincemmo una gara di regolarità. Ricordo la gioia di quella serata. Vincemmo un vestito rosa e un centinaio di mila lire che usammo per mettere carburante nel Macchino (l'I-TALY) e andare a trovare degli amici in Portogallo.

Da «Il Giornale dell'Emilia» del 12 luglio 1953, di Raffaele Guzman

> «Ostacolata dal maltempo la gara aerea di Rimini... chi poteva mai pensare che a metà luglio si dovesse continuamente paventare i temporali? Mezz'ora di emozioni, un'attesa vibrante che pareva non dovesse più finire; il terrore che qualche cosa di grave potesse capitare: ecco come abbiamo vissuto noi e certamente anche quei tanti spettatori che dal lungomare stavano godendo l'entusiasmante spettacolo del carosello aereo verso la fine del pomeriggio odierno. Diciotto concorrenti, che come abbiamo scritto ieri, erano riusciti a giungere a Rimini venerdì, fra i tanti iscritti a questa bella manifestazione aerea ma che il tempo aveva tenuti fermi nelle proprie basi dopo la vana attesa di ieri.
>
> [...] Quando i commissari sportivi hanno ultimato i loro calcoli e, in base agli handicap di merito, i tecnici hanno stabilito l'ordine di partenza e i concorrenti hanno iniziato le prove finali di velocità e inseguimento sul circuito di circa 118 Km. Sovrastante la riviera riminese; una gara da cui ci attendevamo sì un allettante spettacolo e piacevole emozione, ma non il

batticuore che in definitiva essa ci ha dato. Infatti, mentre si susseguivano le partenze, prima Meli, poi Fiorenza de Bernardi, affiancata dal padre, indi Breda, Meille, Goldoni, Rosaspina, Fiacchino, la marchesa Negrone, Guagnellini, Guerrini, il temporale che da lontano si era annunciato con un grigiore e certe striature nere abbastanza eloquenti, ma che si sperava ritardasse e deviasse, si mise a correre veloce contro gli aeroplani con furore belluino mai visto.

[...] Tutto fu coperto da un manto grigio di piombo; non si vedeva più nulla neppure a terra, figurarsi in aereo. I dirigenti, tempestivamente e prima ancora che l'uragano coinvolgesse ogni cosa, sospesero prontamente le partenze ancora da effettuare e lanciarono i razzi che ordinavano immediatamente l'atterraggio ai piloti in volo. Bravamente, discretamente e disciplinatamente questi ultimi vennero a posarsi sul campo allagato in mezzo alla pioggia tambureggiante.

Ci fu qualcuno che volle ancora finire in bellezza, nel compiere un'ultima virata a bassa quota, sul pilone presso il campo; Fiorenza de Bernardi, non avendo visto il razzo rosso, ormai al termine della sua fatica, essendo partita tra i primi, continuò fino all'ultimo dei sette giri.

Da terra non riuscivano a vedere l'apparecchio, ma i cronisti ai piloni sentivano il motore e dissero che i giri erano stati compiuti con la massima regolarità».

Con il marito Sandro Carocci durante una gara a Latina con l'FL 3.

Nel 1953 cominciai a volare con il Comandante Roberto Goemans, buon amico di mio padre, durante le gare estive. Ero il suo copilota e quella occasione mi ha dato molta esperienza. Le gare e i voli dimostrativi (poiché lui era il rappresentante della ditta Piper in Europa ed in Africa) si susseguirono durante dieci anni. Così l'estate volavo con i Piper e l'inverno accettavo spesso dei contratti temporanei alla FAO che mi sono sempre serviti per pagarmi ore di volo e brevetti.

Goemans era belga, sua moglie (Genia, brillante e adorabile) russa, io italiana e l'aereo americano. Da Cannes, alle Sables d'Olonne, dalle "Settimane aeree italiane" ai "Giri aerei della Sicilia", da Venezia alla Tunisia fu un periodo entusiasmante di voli, di lavoro ma anche di bella vita. Spesso vivevo lunghi periodi dai Goemans a Parigi, spesso andavo in barca con loro. Intanto mi sposai con Sandro Carocci che divenne pilota alla SAM poi all'Alitalia.

Giro aereo della Sicilia 1955. L'equipaggio vittorioso! Io, Robert Goemans, sua moglie Genia, Gabriella Bottacchioni (le nostre 2 passeggere). Gabriella è stata mia compagna di classe alle elementari e poi in montagna con la S.U.C.A.I. Il primo a sinistra è Beppe Albanese 'il perfetto organizzatore'.

Cena a Villa Igea dopo una gara. Da sinistra: io di spalle, Ange Lombard, una passeggera, Genia Goemans, Giordano Serena, Gabriella Bottacchioni, Robert Goemans, una passeggera e Renzo Ceschina di spalle.

A Villa Igea durante uno dei tanti Giri aerei della Sicilia.

CON GRAZIELLA IN PORTOGALLO, NEL 1957

Con Graziella Sartori, compagna di tante avventure, poi diventata anche lei Pilota Commerciale, (ha lavorato per anni quale pilota dell'executive della Ignis) abbiamo vinto una gara di regolarità e decidemmo di mettere quel denaro in carburante per fare un bel volo turistico con il Macchino 308.

Graziella possedeva quel Macchino insieme al giornalista Comandante Enrico Meille e quindi aveva diritto ad un certo numero di ore ogni anno.

Prima tappa fu Cannes. Decolliamo. Ci bastano 200 metri di corsa. Una volta fatta quota ci sistemiamo bene la cuffia sulle orecchie e il nostro viaggio ricomincia a suon di musica.

Il Macchi 308, forse ora è superato, ma era ottimo e ci dava sicurezza e questo in particolare immatricolato I-TALY, era un po' speciale perché triposto. Togliendo il terzo sedile abbiamo perciò ottenuto più spazio per i bagagli e per un serbatoio supplementare con circa 40 litri di carburante. Si possono così fare più di 6 ore senza scalo a una velocità di 150 km/h con un consumo che non supera i 22 litri l'ora. A quell'epoca io avevo circa 300 ore di volo e Graziella poco più. Giovani e spensierate, con la passione per il volo, la montagna il girovagare ogni volta che ne avevamo l'occasione.

Ore 10.30. Da un pezzo abbiamo lasciato la Costa Azzurra. Pilotiamo a turno per non stancarci mentre l'altra fa l'ufficiale di rotta.

Ore 13.30. Atterriamo a Bilbao. Una buona tortilla ai funghi serve a ritemprarci le forze. In meno di tre ore raggiungiamo Madrid, all'aeroporto Quattro venti, sede di un magnifico Aero Club che, almeno allora, mi sembrò il più attrezzato d'Europa. Abbiamo molto da imparare in Italia e non come finezza di pilotaggio né come tecnica ma come educazione civica, ordine, gusto ecc. Perché in Italia, già allora, i miei amici aviatori mi telefonavano il giorno prima del loro arrivo a Roma affinché io svolgessi per loro e in tempo le lunghe e noiose pratiche burocratiche.

Restiamo a Madrid due giorni e poi sorvoliamo le sterminate lande infuocate dal sole. Ed ecco laggiù Lisbona. La nostra meta è raggiunta.

Ci incuriosisce questa città che si tende su sette colli come Roma. Siamo ospiti di amici a Carcavelos in una bella villa con le caratteristiche mattonelle in maiolica variopinta e le rosse buganvillee che aggiungono gaiezza al paesaggio.

Porto i saluti di mio padre al Gen. Graziani che è stato il suo primo istruttore di volo e vive adesso a Villa Italia. Gli chiedo un appuntamento per porgere un saluto al Re Umberto. Ci sentiamo molto emozionate e commosse quan-

Cascais, agosto 1957. Fiorenza e Graziella ricevute da Umberto di Savoia.

Fiorenza de Bernardi e Graziella Sartori.

do ci arriva un invito a pranzo ma Umberto II e Maria Gabriella ci accolgono così cordialmente che ci sentiamo subito a nostro agio. A Cascais c'è anche Maner Lualdi che ha iniziato da poco la sua crociera diretto in Sud America con "l'Angelo dei Bimbi". Vittorio e Maria Beatrice fanno un volo con Graziella.

In quei giorni di vacanza a Carcavelos, abbiamo volato fino a Porto, invitate da quell'Aeroclub, siamo state a cavallo con i Principi, abbiamo fatto magnifici bagni di mare e poi siamo dovute ripartire.

Sorvoliamo distese di alberi con le fronde tagliate a forma di anello che sembrano un ricamo sul terreno. Poi ritroviamo gli alberi folti e tondi. Ciò significa che abbiamo lasciato il Portogallo e siamo nuovamente sulla Spagna. Sorvoliamo Siviglia e decidiamo di atterrare per visitare quella città e vedere una corrida. Uno spettacolo che ci ha profondamente angosciato. I torelli giovani, inconsci, entrano trotterellando nell'arena. Si guardano attorno un po' spaventati finché i banderilleros li colpiscono sulla groppa. Allora si accorgono che non è un gioco e in molti cercano di saltare lo steccato. Invece sono costretti a rimanere lì fino alla morte. Noi facciamo il tifo per il toro. Se il torero rischia è affar suo, è lui che sceglie questa lotta e può accettare o meno ma come al solito l'animale è obbligato a soffrire e a soccombere. Giuriamo di non mettere più piede in un'arena.

Facciamo tappa a Granada e visitiamo l'Alhambra: uno spettacolo indimenticabile. Ripartiamo un po' in ritardo sulla tabella di marcia, sorvoliamo le aspre sierre. Il cielo si mantiene buono, poi ci si para davanti uno strato denso di nuvole. Ci danno 4/8 quindi proseguiamo al di sopra di esse convinte di trovare dei buchi abbastanza grandi per la discesa.

Il radio compass ci avverte che siamo sull'aeroporto ma ora le nubi sono 8/8 e non abbiamo strumenti per forarle in strumentale. Da terra ci avvertono che il *ceiling* è basso e ci comunicano informazioni per l'atterraggio strumentale. Non riescono a sentirci e noi non pensiamo sia il caso di attraversare questa barriera bianca senza gli strumenti necessari. Appena un attimo di incertezza poi decidiamo di adottare l'unica soluzione possibile: tornare indietro verso l'aeroporto di Albacete.

Finalmente rivediamo la terra scura con le sue montagne, i suoi fiumi, le case... Ma il sollievo è di breve durata. Il sole sta per tramontare e non abbiamo più tempo per raggiungere l'aeroporto prima che il buio raggiunga noi. Avremo ancora, sì e no, dieci minuti di luce. Questa volta non c'è scampo: dobbiamo tentare un atterraggio di fortuna. Facciamo un passaggio su un campo che ci sembra buono, ci guardiamo per farci coraggio e dopo pochi minuti terribilmente lunghi ci troviamo in un campo di grano.

27 agosto 1957.

Comincio ad aprire gli occhi. Anche Graziella è sveglia. Pigramente restiamo distese sui letto riandando agli avvenimenti del giorno prima. Neppure una grande diva dello schermo sarebbe stata seguita da un codazzo di gente come quello che ci ha scortate per le strade di Alpera. Così si chiama il paesello nei pressi del quale siamo atterrate.

Tutti sono stati molto gentili: il sindaco, il medico condotto e le guardie si sono messe a nostra disposizione. Perfino il padrone del cinema, per consolarci ci ha invitate a vedere lo spettacolo: un vecchio film di Nazzari. Ma il nostro pensiero corre soprattutto all'apparecchio. Dobbiamo la vita al nostro «Macchino» e al suo carrello triciclo che gli permette di atterrare in uno spazio ristretto e ad una velocità abbastanza bassa. Senza di esso la nostra crociera si sarebbe forse interrotta tragicamente.

Ore 14:00.

Siamo tornate sul posto col comandante dell'aeroporto militare di Albacete giunto in nostro aiuto con un meccanico. Evidentemente si aspettavano di trovare l'apparecchio in chi sa quali condizioni. Ma il nostro fedele I-TALY è intatto e ci mettiamo subito al lavoro per portarlo su una strada bianca e abbastanza diritta dove il "Macchino" torni a farsi onore. Graziella riesce a decollare tra le esclamazioni di meraviglia di tutta la popolazione di Alpera accorsa in massa allo spettacolo. Io e i bagagli siamo rimasti a terra non essendo consigliabile appesantire troppo l'aereo.

Alla fine raggiungo Albacete in macchina con il Comandante.

28 agosto 1957, ore 11:50.

Facciamo un rapido passaggio sull'Aeroporto di Albacete e "battiamo le ali" per salutare tutti coloro che ci hanno aiutato. I militari sono schierati davanti all'hangar e ci salutano con la mano alla tesa. Sulla terrazza della torre di controllo spiccano le divise bianche del Comandante e di un gruppo di ufficiali. Ecco Valencia sulla nostra destra e l'aeroporto dove avremmo dovuto atterrare due giorni prima. Ora il cielo è nitido e i brutti momenti passati ci sembrano irreali. Proseguiamo per Barcellona.

Ore 14:30.

Tira di nuovo un forte vento e il bollettino ci avverte che sul Golfo del Leone la situazione peggiorerà: il vento ci verrà incontro a circa 40 nodi. Se proseguissimo senza soste dovremmo ridurre la velocità di crociera a solo 80 km/h. Ci attira di più l'idea di dare un'occhiata a Barcellona e decidiamo di pernottarvi

29 agosto 1957, ore 8:40.

Siamo partite di buon mattino mentre il vento si manteneva ancora un po' calmo e ci siamo dirette velocemente verso la Francia. Per abbreviare il percorso tagliamo per il Golfo del Leone. È un'imprudenza. Con un piccolo monomotore non è mai piacevole trovarsi per più di un'ora fra cielo e mare, senza nemmeno scorgere la costa. Ma il nostro "Macchino" ha dato sinora tali prove che sarebbe fargli un grave torto non affidarci a lui sino all'ultimo. Tuttavia di tanto in tanto guardiamo in giù se alle volte qualche nave o anche qualche barchetta non ci rendessero ancora più tranquille.

Ore 12:05.

Atterriamo a Cannes. Il tempo di mangiare un panino, e ripartiamo per Milano, impazienti oramai di tornare a casa. Anche sul Golfo di Genova troviamo nubi. Aguzziamo lo sguardo scivolando tra un colle e l'altro mentre schiviamo i costoni appenninici, poi giù, veloci, verso la valle padana. La visibilità continua ad essere pessima. Mi pare di avvistare Alessandria. A Graziella sembra invece di riconoscerne il campanile da tutt'altra parte. Poi, di nuovo per la terza volta, Alessandria. Ma perché non scrivono il nome delle città sui tetti delle stazioni? Andiamo avanti ad occhi bendati. Tuttavia finché seguiamo il corso del Po non c'è da preoccuparsi. Alla fine la nebbia si dirada e il radio compass ci conferma che siamo in rotta. Quando atterriamo sull'aeroporto di Linate il cielo è azzurro.

31 agosto 1957, ore 13:00.

Siamo di nuovo a Roma. Genitori, parenti ed amici ci vengono incontro. Parliamo tutti contemporaneamente facendo una gran confusione. Sono tante le cose da raccontare che non sappiamo da quale cominciare. Di una, comunque, abbiamo stabilito di non parlare: della nostra prossima crociera.

Grazia Serena Sartori Pacini.

Grazia Serena Sartori Pacini

Cara Graziella, parlare di te mi è difficile perché i ricordi di tanti anni si affollano alla mente. Le nostre mattane, le risate, i voli impegnati e talvolta incoscienti della nostra gioventù...

Graziella ha iniziato a volare per hobby, senza avere precedenti in famiglia in questo campo. Sua madre dice che da piccola voleva "... andare" e si accontentava di girare in tram. Ma il tram non le bastò più e prese il volo conquistando il 2° grado e facendo da copilota al Comandante Enrico Meille, giornalista e con lui si spostava per i cieli del mondo. Comprarono insieme un Macchi 308, il triposto, più comodo e con più autonomia dei Macchi normali. Si chiamava I-TALY.

Mentre Meille con un S7 si occupava di prendere dai vari Giri l'Italia ciclistici le bobine per la Televisione e le riportava a gran velocità a Roma, Graziella lo aspettava sugli aeroporti più disparati e abbandonati, portandogli con il Macchino il carburante dove non c'era. Fece molta pratica e ore di volo con lavori simili. Un certo numero di ore del Macchino rimanevano a sua disposizione durante l'anno e Graziella faceva tutte le competizioni possibili sia con il Macchi che con altri velivoli ottenuti a prestito dai vari Aero Club che a quel tempo, negli anni Cinquanta e Sessanta, cercavano di lanciare lo sport del volo e di agevolare gli sportivi.

Graziella partecipava sempre, o da sola o con me, perché abbiamo fatto equipaggio femminile molto spesso ed eravamo affiatate e pronte a tutto.

L'Ala Parma, l'FL55, il Macchi si susseguivano e dalla Settimana Aerea (ricordi Graziella quella farfalla che visse con noi, durante il volo di 6 ore senza scalo? Le avevamo dato un nome), al Giro delle Dolomiti, al Giro della Sicilia, era un susseguirsi di gare di velocità e di regolarità. A Pescara vincemmo su 20 equipaggi tutti maschili, e fu davvero una bella soddisfazione.

Ho sempre stimato Graziella sia come pilota, abile, decisa e precisa che come amica, leale e generosa.

Di avventure insieme ne abbiamo avute parecchie. Posso citare quella durante il nostro viaggio turistico con l'I-TALY in Portogallo di 21 giorni atterrando qua e là per vedere qualche bellezza architettonica e una volta la corrida. Ma rimanemmo disturbate da quello spettacolo, facemmo il tifo per il toro e non ci andammo mai più. In Portogallo fummo ospiti al pranzo di Re Umberto e ricordo che eravamo molto emozionate, come ho raccontato.

Graziella, appena poteva, viaggiava con tutti i mezzi: navi da cargo per il Brasile, aerei privati (andava come copilota) per l'Africa ecc. Appena ci fu la possibilità di fare il 3° grado in Italia per i civili, lei fu fra i primi ad iscriversi al corso militare di Alghero (una legge speciale dette la possibilità di frequentarlo a piloti civili con il 2° grado e una certa esperienza, data la scarsezza di piloti in quel periodo). Era il 1966, ed eravamo le uniche due donne ad essere ammesse.

Graziella superò tutti i suoi esami brillantemente e andò a Bologna ad iniziare il suo lavoro di professionista. Fu un periodo interessante ma alquanto duro. Era istruttore a terra presso l'Aero Club, faceva il pilota ai paracadutisti e il pilota a un insigne Professore medico che aveva spesso bisogno di spostare se stesso o i suoi malati in aereo.

Arrivò il bel giorno dell'assunzione alla Ignis. Copilota sul King Air per qualche anno, poi il jet: l'HSI25. Quasi sempre con il bravo Comandante Piero Torri, un amico. E fu un susseguirsi di voli taxi per l'Italia e per l'Estero, alcuni voli regolari fra l'Italia e l'Olanda.

Ci sentivamo spesso in fonia. Lei decollava da Malpensa, io arrivavo da Linate. Ogni volta sentivo un tuffo al cuore. Ci mandavamo un saluto affrettato ma che voleva dire tante cose.

"A Graziè, ce l'abbiamo fatta a conquistare il nostro posto di pilota vero con tanto di strisce d'oro sulla manica ma è anche finito il tempo delle risate spensierate".

Con Graziella,gara di Pescara dal 9 all'11 luglio 1955 su AM10.

LA SCOMPARSA DI MIO PADRE, MARIO DE BERNARDI

«Folgorato a morte nel cielo di Roma, posata a terra l'ala intatta, spiccava l'estremo volo verso la gloria eterna, il Comandante Mario de Bernardi, medaglia d'oro e Pioniere dell'Aeronautica». Così è stato dato l'annuncio ferale dell'ultimo volo di questo uomo forte e generoso che pareva nato con le ali e che alle ali umane dedicò tutta l'ardente esistenza, dai venti ai sessantasei anni, tutta una irriducibile giovinezza che pareva proprio non dovesse tramontare mai.

Facendo appello supremo agli ultimi palpiti del suo cuore, portò a terra indenne il suo aeroscooter e declinò il capo a conclusione di quello smagliante arabesco nel cielo che ha costituito l'inimitabile sua vita. Così ci ha donato anche una stupenda morte dell'Aviatore che di più toccante e poetica l'Arte non avrebbe saputo inventare.

Di famiglia piemontese, di Saluzzo, mio padre nacque a Venosa il 1 luglio 1893, dove mio nonno Cesare aveva iniziato la carriera della Magistratura. Quarto di sette figli, di statura media, ma dalle membra proporzionate e salde aveva l'agilità di un acrobata, forse per questo scampò tante volte da situazioni che ad altri sarebbero state fatali. In una scuola di Volterra, dove la famiglia si era trasferita, sulla porta del ginnasio era inciso, fino a pochi anni fa "W Colino" che era l'ammirato, affettuoso diminutivo di Ercolino come tutti lo chiamavano per la sua forza fisica, che egli esplicava sempre nella difesa dei più deboli.

Un giorno, passando per Volterra, chiesi ad un vecchietto del luogo: «Che se lo ricorda Mario de Bernardi?».

«No», rispose in un primo momento poi illuminandosi: «Si, si l'era quello che andava sulla spalletta dei ponti in bicicletta!». Non ricordava le gesta che lo resero famoso ma le bravate di gioventù che gli erano rimaste impresse.

Mio padre si guadagnò la sua prima medaglia d'oro a 15 anni quando ottenne di competere in una gara tra campioni ciclisti volterrani e aretini. Era il più giovane, lo credevano inesperto ma vinse! Nel 1912 ottenne di partire come volontario nel 3° Genio Telegrafisti per la Libia e la Cirenaica. Là ebbe modo di ammirare i voli di Moizo, di Gavotti, di Piazza e rientrato in Italia riuscì ad essere ammesso alla Scuola Aviatori di Aviano, nell'autunno 1913.

Porto ancora al dito un anello che mio padre ebbe in dono dai compagni del corso per il suo primo volo che effettuò brillantemente prima di essere stato autorizzato dall'istruttore. Ebbe così una punizione ed una festa. Lui tenne questo anello d'oro con un'aquila incisa e ormai quasi cancellata dal tempo, durante tutta la sua vita aviatoria che è stata una vera leggenda.

Mario De Bernardi con il suo Ca 113 da alta acrobazia.

Mio padre Mario de Bernardi, che è stato uno dei migliori in acrobazia.

Diceva: «... Io intendo l'acrobazia come una estrinsecazione del proprio stato d'animo, naturale e spontanea; così come il momento artistico della personale sensibilità riesce immediatamente a manifestare. Il volo di acrobazia rispecchia perciò fedelmente il carattere, la personalità e l'animo dell'aviatore che la esegue.

La tecnica pura, meno delle tendenze personalissime del pilota, incide sullo svolgersi delle varie situazioni che man mano si vanno succedendo col muoversi dell'apparecchio nell'aria.

Conta molto, è vero, l'immediatezza dell'azione sui tre comandi, la prontezza nel dosaggio dell'accelerazione da imprimere al motore fra un passaggio e l'altro, il periodo di durata delle pause fra una figura e l'altra, ma per me conta molto di più la sensibilità artistica del volo e non del volo soltanto. La scelta dell'altezza, a seconda naturalmente della visibilità, per l'esecuzione delle acrobazie, la posizione da far assumere all'apparecchio rispetto al sole e nei confronti del pubblico che assiste alla manifestazione, gli intervalli di rapidi o lenti passaggi, sono fattori che solo una raffinata sensibilità può rispettare, Il volo in senso verticale ha per me un'attrattiva veramente notevole; le picchiate in 'candela' rovesciata, oltre a provare l'adattabilità del fisico alle sollecitazioni più violente, è ottimo caustico e tonifica molto efficacemente la reazione nervosa dell'organismo alle anormalità della posizione».

Mario de Bernardi davanti al Ca 113 col quale vinse a Cleveland nel 1931.

«Mario de Bernardi, oltre a essere stato quel competitore e detentore di record che tutti conoscono, aveva delle cognizioni della meccanica del volo, che facevano di lui un conoscitore di macchine e gli davano il potere di arrivare là dove la tecnica non era giunta». Così diceva di mio padre l'ingegner Leandro Cerini, suo compagno di ricerche.

Mio padre. infatti, non era soltanto un collaudatore, ma un collaudatore sperimentale, di quelli che provano i prototipi di cui non si sa altro che ciò che è nella teoria del progettista. E se attualmente la conoscenza dell'aerodinamica e della tecnica dà poche sorprese, al tempo dei pionieri le sorprese potevano essere molte.

Nel 1924, per esempio, eseguì per conto della Ditta SIAI una prova di salita con un apparecchio S.52 Marchetti raggiungendo i 5.000 metri in 13 minuti. «Il risultato – scrisse il generale Alessandro Guidoni – si deve anche alla capacità del pilota, il quale, indipendentemente, anzi contrariamente alle indicazioni teoriche dategli, è riuscito a trovare un assetto dell'apparecchio che ha permesso un notevole risultato».

Sempre a Montecelio, di cui era il "Comandante", ideò un freno per l'appontaggio sulle navi il cui principio è tuttora valido e che vinse nel 1923 un concorso indetto dal Ministero dell'Aeronautica. Mio padre aveva studiato e mandato il suo progetto nonostante che i colleghi benevolmente e scherzosamente, cercassero di dissuaderlo, sicuri che non avrebbe potuto gareggiare con i progetti di tanti autorevoli ingegneri. Ma il concorso fu vinto proprio dal suo progetto presentato con uno pseudonimo!

«Le diciannovemila Lire messe in palio, tra prestiti agli amici, offerte, regali, scivolarono via in volata; ma la soddisfazione rimase!» racconta mia mamma nel libro *Mario de Bernardi* che lei stessa ha scritto.

Con l'amico, ingegner Leandro Cerini, nel 1931 mise a punto i "Comandi riuniti"; sistema che eliminava la pedaliera e riuniva nel volantino i comandi di rotta e quota e permetteva al pilota libertà di movimento; nel 1931 su un Caproni 97, dimostrò la facilità con la quale poteva stare per brevi momenti seduto in cabina, con i passeggeri che lo guardavano più stupiti che intimoriti. È da questi esperimenti che si è arrivati al pilota automatico.

Nel 1933 riuscì ad applicare un "correttore di rotta" col quale veniva automaticamente corretta la direzione del volo.

Ebbene, mio padre aveva questo sesto senso e quelle cognizioni che gli hanno permesso di essere sempre all'altezza della situazione. Ed è per questo che anche i Macchi della Schneider, furono messi a punto da lui che fu il primo a far superare a questo velivolo i 500 km/h. Pochi sanno quali sacrifici, quanto lavoro e quante prove su prove hanno portato alla vittoria oltre alla perizia con la quale sono stati effettuati i voli. Bisogna pensare che allora gli aerei erano più pericolosi e difficili da pilotare di quelli di oggi.

In seguito fu organizzata a Desenzano la prima scuola militare di alta velocità comandata dal generale Bernasconi. Mio padre era stato convocato come collaudatore e come consulente da ogni parte del mondo. Così risolveva i problemi alle ditte e ai costruttori, così inventava molte cose interessanti. La notte svegliava mamma (che sempre ha seguito il lavoro di mio padre da vicino e con cognizione, con ansietà e amore, vivendo anche la vita della pioniera quando sul campo di Montecelio, allora aeroporto sperimentale, era l'unica donna in un ambiente militare) la svegliava, appunto, e le diceva: "Scrivi", e mamma prendeva gli appunti che lui le dettava.

Nacquero cosi i "siluri a reazione" per la marina che naturalmente prese tempo fino a che i disegni e siluri furono poi presi dai tedeschi.

Poi "l'ala tagliente" che reca un dispositivo per infrangere la resistenza dell'aria alla velocità del suono, le cui prove furono effettuate in Svizzera.

La "Topolino a reazione" quando, nel 1956, mise un piccolo reattore sullo chassis di una 500 (abbiamo ancora due modelli di questi reattorini).

Ma mentre lui sfornava idee e progetti a ritmo incalzante, non aveva aiuti economici e per le lungaggini burocratiche, i progetti venivano messi da parte.

Fu ideato e costruito l'Aeroscooter per il quale aveva messo tanto entusiasmo e tempo e fatica. Doveva essere l'aereo scuola sicuro ed economico per avvicinare i giovani all'aviazione. Un contratto con la CAB di Bergamo ci legò mani e piedi senza che si vedesse realizzata la "serie" dei biposto (e pensare che tutto il mondo mandava ordinazioni).

Ma ci sarebbero tante cose ancora da raccontare. Ho voluto presentare Mario de Bernardi inventore ma un giorno ve lo presenterò come uomo e come padre. L'uomo invidiato da alcuni ma amato da molti, specialmente dai suoi collaboratori e operai. Sono 24 anni che non è più al mio fianco e io ne sento quotidianamente una cocente nostalgia.

L'aeroscooter biposto progettato da Mario de Bernardi.

Mario de Bernardi alla Coppa Schneider del 1926, a Norfolk

Si sono celebrati tanti anniversari del record di Francesco Agello, un record leggendario che è rimasto imbattuto e che portò il Macchi 72 a superare i 700 km/h. Questo record fu il coronamento di un lungo periodo di preparazione, di fatiche, di prove e riprove per mettere a punto gli apparecchi che i nostri piloti hanno sostenuto con molto coraggio e tenacia.

La gara più appassionante e importante per ditte costruttrici e nazioni partecipanti fu la Schneider del 1926 disputata a Norfolk in Virginia. Il 50° anniversario non è stato festeggiato e penso quindi che sia ora il momento di rendere omaggio a de Bernardi, Ferrarin, Bacula, Guasconi e a coloro che hanno sacrificato la loro vita per il buon esito dell'impresa come Centurione e Borra. La vittoria di Mario de Bernardi fu esaltante per il mondo intero, ma pochi conoscono quali furono le difficoltà da superare sia dal lato tecnico per mettere a punto le macchine, sia dal lato umano.

I motori prendevano fuoco per mancanza delle giuste prese d'aria, il surriscaldamento dell'olio impediva di andare a piena velocità. Un motoscafo aveva danneggiato lo scafo dell'aereo di de Bernardi la sera prima della gara e fu riparato dai nostri operai in una nottata di duro lavoro. Fatica e tensione.

Dobbiamo ricordare gli sforzi che il fisico del pilota doveva sopportare specie nei rapidi passaggi per portare l'aereo in virata e in posizione orizzontale. A causa della forte velocità e della strettezza delle curve sui piloni era indispensabile piazzare le ali e opporle nettamente all'azione per far affluire con più facilità il sangue al cervello dopo simili e repentine manovre i piloti avevano allora un casco di lana.

Le difficoltà nei decolli e ammaraggi dove sarebbero state fatali le eventuali "piastrelle" che il pilota non avrebbe più potuto correggere data l'inefficienza dei timoni.

Mario de Bernardi prevedeva: «Gli apparecchi in avvenire raggiungeranno magari anche la velocità del suono e tuttavia non saranno così rischiosi come quelli che oggi usiamo per toccare i 500 Km/h...».

Pochi hanno idea del perché la Schneider del 1927 non fu vinta dall'Italia. De Bernardi aveva chiesto delle modifiche per la gara. Furono via via rimandate e mai fatte e nemmeno uno degli aerei italiani poté completare la competizione di Venezia.

De Bernardi, che aveva lasciato scritto il suo parere in proposito e le sue previsioni, dette le dimissioni dall'Aeronautica Militare per non essere stato ascoltato. Ottenne però di fare da solo i lavori richiesti (in tre ore modificò l'elica) e batté il record dimostrando chiaramente le sue ragioni. La prima volta quel risultato non fu omologato perché la colpa della sconfitta sarebbe ricascata su chi aveva mandato gli apparecchi non preparati, ma de Bernardi batté ancora una volta quel record. Scriveva un giornale dell'epoca: «Il Com.te de Bernardi, calmo e sicuro, era assolutamente certo del successo per quando avrebbe ritentato la prova [...]. Ciò vuol dire avere i nervi a posto; essere sereni, tenaci, audaci come si conviene per affrontare le più nobili lotte della vita civile. Accogliere con un cordiale sorriso il successo dei competitori senza stizza, senza invidia, senza ira, ma anzi compiaciuti dell'eccellente collaudo umano da altri perseguito; e meditare, organizzare, attuare senz'altro una riaffermazione che è insieme un trionfo nazionale e progresso per tutti. Assai più che una straordinaria realizzazione sportiva, è questo un esempio di stile, proposto alle nostre menti e al nostro cuore...».

Nel 1928, Mario de Bernardi fu il primo a superare i 500 Km/h. Intanto si costituì la Scuola alta velocità e a comandarla fu destinato Mario Bernasconi e dal Macchi 39 e 52 si arrivò al Macchi 72 e nomi di valorosi si susseguirono da Dal Molin a Agello.

La vittoria della Schneider e dei record dimostra che certe imprese non equivalgono ad una passeggiata. Ho voluto ricordare la Schneider perché mi sembra giusto ricordare tanti valorosi che con coraggio e sacrifici hanno coadiuvato per portare l'aviazione al livello di oggi. Noi voliamo con il Jumbo dormendo tranquilli senza troppo meditare sugli sforzi che hanno fatto i piloti per arrivare a condurlo, quanto coraggio e bravura hanno avuto i collaudatori, ingegneri, tecnici per arrivare a darci aerei sicuri e veloci.

Mario de Bernardi ha avuto un posto importante in questo periodo e in questa storia e un posto importantissimo nel mio cuore perciò ho sentito il bisogno di parlare di lui.

Fiorenza de Bernardi

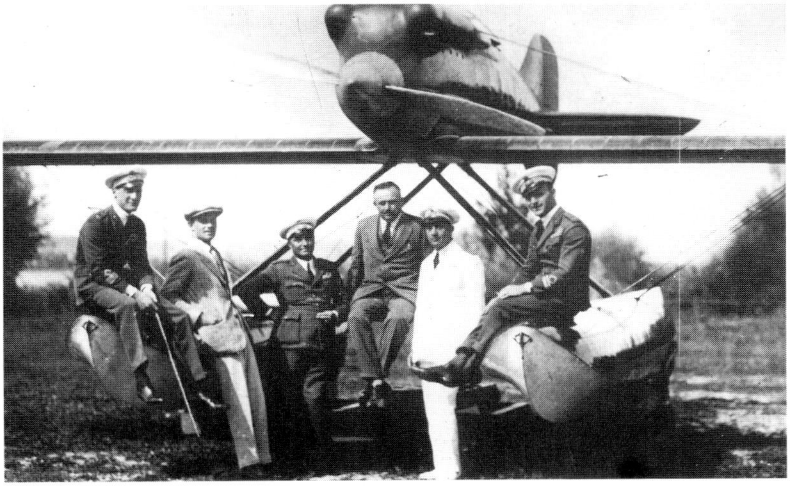

De Bernardi, primo a destra, sul Macchi 72 alla Coppa Schneider del 1926.

Mario De Bernardi, insieme con la figlia Fiorenza all'aeroporto dell'Urbe, con il minuscolo aereo biposto da lui ideato.

"L'ASSO E I FANTI DI DENARI"

«Ora che l'abbiamo sepolto lassù nella cripta del Verano dove dormono i Caduti del cielo, permettimi di dire a te, due parole su mio zio Mario de Bernardi. Non ti ripeterò la serie delle sue imprese, l'elenco dei primati, non tenterò di rievocare l'eco di trionfi di tanti anni lontani e l'urlo delle folle meravigliate e commosse sui campi di aviazione. I giornali di questi giorni ne sono pieni; e qualcuno è riuscito a raccontare la sua vita come fu per davvero e senza i fronzoli d'una stucchevole retorica di maniera.

Voglio raccontarti invece la battaglia di cui nessuno ha parlato, quella che non si presta al "pezzo" di colore coi fatterelli, le battute scherzose, l'episodio mirabolante e inaudito. La difficile lotta quotidiana del dopoguerra l'ultima battaglia di Mario de Bernardi, la più difficile e silenziosa, quella che nessuno conosce né può conoscere a meno che non gli sia stato vicino e abbia saputo i suoi crucci, le sue ansie e le sue delusioni: quella che soltanto le persone della sua famiglia e i suoi amici più cari potevano sapere.

È la lunga vicenda del piccolo aereo che aveva costruito e nella cui cabina doveva morire, pochi giorni fa, sul campo romano dell'Urbe.

Perché vedi, la vita di un "asso" dell'aviazione, come fu Mario de Bernardi, pure fra i rischi di un mestiere che ha la morte come incerto quotidiano, può apparire bella e anche facile negli anni del trionfo e delle folle plaudenti. Poi, come succede nella maggior parte dei casi, gli anni passano, il favore del mutevole pubblico declina, e vengono, per i superstiti, i tempi grigi e un po' malinconici dei ricordi, del ritiro, del silenzio.

Specialmente in un "mestiere" come quello dell'aviatore, in cui le carriere individuali sono strettissimamente legate alle condizioni e alla fortuna del paese in cui si vive. Ed è stato proprio in questi anni, nel suo non voler cedere e resistere fino in fondo, che Mario de Bernardi ha fatto vedere quale fosse il suo carattere. Un carattere duro e sodo, anche se era difficile accorgersene sulle prime. Perché l'uomo era ingenuo e disarmante, perché una fiducia nei propri simili e nelle cose ch'era davvero a prova di qualsiasi delusione lo sosteneva e gli faceva superare sorridendo i momenti più aspri e le numerose amarezze, perché il suo temperamento bonario e cordiale lo metteva al riparo dalle tentazioni del dramma e della retorica.

Sono sicuro che se Mario oggi leggesse queste righe che vado scrivendo su di lui, mi prenderebbe in giro come collezionista di paroloni inutili. Ed io stesso, forse, vedo tante cose in una misura diversa, ora che gli anni passati e le innumerevoli volte che lo vidi, e l'immenso

Fiorenza con l'aeroscooter monoposto all'aeroporto dell'Urbe.

affetto che Lui mi portò, e l'ammirazione per il "comandante zio", come lo chiamavo per prenderlo in giro, si collocano insieme, in una lunga vicenda ormai finita, ormai affidata per sempre al passato e ai ricordi.

Pensa, agli anni del dopoguerra. La sconfitta, la guerra civile, l'ondata incredibile di disfattismo, i piagnistei dei governanti, lo stordimento degli italiani, e infine, il trattato di pace, avevano cancellato ogni avanzo di aviazione nostra. Di volare, di ali e di aeroplani parlavano ormai soltanto alcuni inguaribili ammalati, guardati per lo più con commiserazione dagli altri che s'erano rassegnati, o "adeguati", messi al passo coi tempi nuovi.

Le fabbriche di aeroplani chiudevano i battenti, o si mettevano a produrre frigoriferi, biciclette, automobili, vetture tranviarie, motoleggere. L'aviazione era un lusso da grandi potenze, buono per l'America, l'Inghilterra, la Russia, o che so io. I vecchi aviatori di guerra, gli "assi" dei tempi gloriosi, quelli che erano ancora vivi, cercavano nuove occupazioni, tentavano di sbarcare il lunario fra commerci improvvisati e professioni inconsuete per rimediare alle miserie della pensione.

Mario de Bernardi, con l'aria che tirava, si mise a progettare un aeroplano: le fabbriche per farlo non c'erano più, e lui, con alcuni operai fedeli fin dai vecchi tempi, se lo costruì, pezzo per pezzo, come un artigiano nella sua bottega: battevano il metallo coi martelli e lo piegavano così, lo sagomavano, lo adattavano, lo saldavano. Incollavano la tela alle ali, ritagliavano il plexiglass della cabina di pilotaggio, andavano per i campi di residuati a cercare il pezzo adatto, le ruote, le gomme, il motore.

Nacque così l'aeroscooter, il piccolo aeroplano da turismo.

L'uomo che aveva vinto le gare internazionali con gli aerei più potenti, e che aveva volato per primo su una macchina a reazione, la più potente di allora, in nome di un'Italia che voleva essere forte e potente, ora costruiva l'aereo più piccolo, che consumava meno, che si poteva comprare con la stessa spesa d'una automobile. Purché la passione del volo non andasse perduta, purché i giovani di questo disgraziato paese ricordassero, fra una partita a bigliardino e una canzonetta idiota, che esistono le vie del cielo e che i paesi che vogliono sopravvivere debbono adattarsi a percorrerle.

Ma il mondo era cambiato; la gente che comandava, che sedeva nei posti di responsabilità, che maneggiava la finanza privata e pubblica, era gente nuova. Nuova o rinnovata, non conta. Aveva facce nuove, modi nuovi. L'epica era andata in soffitta. Il vecchio asso non capiva bene; voleva fare il nuovo apparecchio in serie e si volgeva a destra e a manca e trovava gente elegante, anche se un po' pacchiana, che rispondeva: «Ma sì, comandante, vedremo, faremo», e sorrideva amabile e distratta. E lui tornava al suo campo, fra i suoi bulloni, il suo motore, il suo apparecchietto che stava nascendo.

Lo mandarono a una grossa industria emiliana , che firmò contratti, prese impegni, fece promesse. Dopo due anni, la grossa industria emiliana disse che non poteva, che la situazione era grave, che c'erano delle difficoltà, che sarebbe stato meglio rivolgersi a un'altra grossa industria, lombarda questa volta, che avrebbe potuto occuparsi della cosa.

Intanto nasceva il secondo aeroscooter fatto in casa, biposto questo, ancora più svelto, più agile e snello. Da tutte le parti del mondo, dalla Germania e dall'Australia, dalla Francia a e perfino dagli Stati Uniti, le ordinazioni, le richieste di informazioni, le lettere entusiastiche e plaudenti cominciarono ad arrivare nella sua casa di via Panama.

Ma la grossa industria lombarda, industria di Stato come quella emiliana, nicchiava e intanto sospendeva i lavori; aveva altre cose per la testa e non aveva tempo per stare a sentire il vecchio pilota che voleva costruire il suo aeroplano. E Mario si ostinava a dire che ci voleva, che i giovani dovevano volare, che bisognava dare agli italiani un aeroplano a buon mercato, l'aereo utilitario dopo le macchine e le motociclette utilitarie. Lui continuava a crederci, e si arrabbattava, parlava, cercava qualcuno disposto e capace di aiutarlo. E restava cordiale con tutti, amico di tutti, incapace di credere che quelli con cui aveva parlato poche ore prima potessero dimenticare così presto quel che gli avevano promesso. Anzi, se ci si provava a sollevare qualche dubbio sulle loro buone intenzioni e sul valore della loro parola, si arrabbiava, e diceva che erano tutti amici bravi, intelligenti, affezionati.

L'asso era davvero un asso di cuori, povero comandante: ma i fanti di denari non avevano né premura né voglia di fare la loro parte. Erano "dritti" e furbi, e sapevano che con Mario de Bernardi, sul terreno delle carte bollate, dei termini e delle comparse conclusionali, avrebbero sempre prevalso con facilità. Sapevano che lui avrebbe accettato qualsiasi condizione, per dura che fosse, dal punto di vista finanziario, pur di poter vedere il suo aereo sulla catena di montaggio.

Fu una lotta di anni, fu una battaglia che, come ogni battaglia italiana, doveva ormai considerarsi perduta. I fanti di denari, erano riusciti a far sì che, alla fine, venisse una ditta tedesca di Karlsruhe, a interessarsi dell'aeroscooter Mario de Bernardi, per costruirlo in Germania. E sotto sotto, magari, andavano dicendo che «non c'era l'affare» «che il comandante era un illuso», che a loro non «gliene fregava niente», e così via, secondo l'andazzo. Uno di costoro, di cui non faccio il nome per pietà, lo ricevette sulle scale del suo lucido ufficio, con poche parole distratte.

Ecco, quel che volevo dire a te, e a quelli che, accanto alla cappellina dell'aeroporto dell'Urbe, hanno visto il piccolo apparecchio, condotto lì vicino, mentre i quattro ceri funebri ardevano accanto al corpo dell'uomo che lo aveva costruito. La gente passava, ammirava il piccolo velivolo, lo sfiorava con affetto. Ho visto i vecchi generali piangere, li ho sentiti mentre si soffiavano rumorosamente il naso come fanno gli uomini che vogliono nascondere la loro commozione. Ho visto i generali dell'Aeronautica di oggi, ho visto il Ministro della Difesa, deputati, senatori, autorità. Ho visto lo spettacolo indimenticabile dell'aeroporto con gli aerei a terra tutti rombanti al passaggio del feretro, e le uniformi, e i reattori che turbinavano a bassa quota. Ho sentito la banda dell'Aeronautica che suonava la "Leggenda del Piave", lentamente, a mezza voce.

Ho visto la folla, soprattutto, tanta gente commossa da quella strana e inconsueta atmosfera, da quel funerale così nuovo e diverso dagli altri. Ma non ho visto i fanti di denari. Stavano negli uffici, e magari, spedivano telegrammi di condoglianze. Hanno fatto bene a non venire, d'altronde.

Credo che il vecchio comandante ce l'abbia messa tutta, quella mattina, anche per loro. Si presentava sul campo un nuovo aereo tedesco. Il pilota aveva appena mostrato le doti della macchina nuova, e il vecchio comandante non riuscì a resistere. Volle far vedere quel che sapeva fare la sua macchina, il piccolo "zanzarino" che aveva fatto da sé, senza nessun aiuto, in un capannone ai margini di un aeroporto. Andò in aria, coi suoi sessantasei anni, ancora una volta: picchia, cabra, sfiorò il terreno, si impennò per ridiscendere a perdifiato. E poi deve aver sentito qualcosa che non andava. Non nell'aereo, che continuò a rispondere docile e tranquillo agli ordini del suo padrone, ma nel suo cuore, che ora, proprio in quella circostanza, gli faceva questo brutto scherzo. E così, con le ultime forze riuscì a scendere, a rullare sul prato, a fare l'ennesimo atterraggio perfetto.

Se fosse successo qualcosa, avrebbero potuto dire che l'apparecchio era troppo debole, che non c'era da fidarsi, o qualche altra sciocchezza da furbi. Poi, con un ultimo barlume di volontà, tirò il freno. Poteva morire, ormai, il vecchio comandante. L'aeroplanino era salvo, nessuno avrebbe potuto dire nulla. I fanti di denari non gli avevano regalato proprio niente. L'unico grande dono glielo faceva Domineddio, facendolo morire a quel modo. Con quella fine bella, una fine da vecchio lupo di mare di leggenda, che porta la sua barca in porto e poi muore contento. Una fine "in bellezza" come hanno detto i suoi amici aviatori, che lascia a noi che restiamo, il fascino e il profumo della poesia.

Tuo cordialmente,

Piero Buscaroli

ALGHERO, 1965, ALLA SCUOLA MILITARE

Giugno-luglio 1965. Scuola militare di Alghero per lo strumentale basico con il Piaggio 148. Istruttore Cap. Franco Petaccia.

POSTA AEREA, SULLE ORME DI MIO PADRE

L'aeroplano di matricola I-RIBI è un De Havilland DH. 82A "Tiger Moth" di proprietà dei sigg. Balbo, Curi e De Julio. È stato messo a disposizione degli organizzatori della commemorazione proprio per dare all'evento quel crisma di curiosità destinato a renderlo più interessante; anche il motore è originale, un De Havilland «Gipsy Major 1».

Il biplanino, trasferitosi sul campo di volo torinese, era pronto nella mattinata del 20 maggio. Il decollo era previsto per le 13:30 ma la folla dei presenti e soprattutto l'attacco concentrico dei fotografi e operatori dei cinegiornali e della RAI-TV hanno costretto ad un lieve ritardo. Il decollo è avvenuto alle 13:45.

Erano ai posti di pilotaggio la signora Fiorenza de Bernardi e l'avvocato Bruno de Julio; il "carico" dell'aereo, che non poteva raggiungere le dimensioni di quello del volo storico di cui si commemorava la ricorrenza, era costituito da un sacco di posta formata da lettere e cartoline nella maggioranza commemorative appositamente stampate, munite di un "annullo speciale" concesso dalle Poste. Viaggiava sull'aereo anche una copia de «Il collezionista - Italia filatelica» a titolo simbolico.

Il volo di andata è stato perfetto, senza alcuna difficoltà, e l'arrivo è avvenuto alle 17:50 sull'Aeroporto dell'Urbe.

Il volo di ritorno si è verificato come previsto il 27 maggio. Unica differenza era che l'equipaggio era ridotto al solo avvocato De Julio in quanto la sig.ra de Bernardi era stata trattenuta dai suoi impegni con la Società Aeralpi. Nel volo Roma-Torino il pilota, in ricordo della sosta fuori programma effettuata da Mario de Bernardi, ha effettuato una puntata sulla spiaggia di Lavagna, dove un gruppo di appassionati si era raccolto per salutarlo, proseguendo poi il volo per Torino.

Decollato dall'Aeroporto dell'Urbe alle 13:50, l'apparecchio si è posato sul campo torinese alle 18:01 ripetendo quindi quasi esattamente lo stesso "tempo" del Pomilio di De Bernardi nel 1917.

La manifestazione – che aveva attirato l'attenzione della stampa e, come si è detto, anche della RAI-TV – si concludeva quindi con pieno successo; e l'annullo speciale offriva, ai filatelici, un nuovo spunto originale per le loro collezioni.

Dal nostro punto di vista la commemorazione va ritenuta come una riprova dell'intraprendenza italiana, ed il ricordo di un primato praticamente ignoto ai più. Sono cose che non è male tenere presenti, perciò secondo noi l'iniziativa di cui abbiamo parlato meritava di essere ricordata.

Busta viaggiata sul biplano I-RIBI.
Cinquantenario del primo francobollo di posta aerea del mondo 1917-1967 sulla tratta Torino-Roma-Torino. Il 20 maggio 1967 fu effettuato il volo Torino-Roma e il giorno successivo il volo Roma-Torino.

Fiorenza davanti al Tiger Moth, I-RIBI.

CINQUANT'ANNI DOPO IL «RAID» DEL PADRE

Fiorenza De Bernardi pilota un biplano da Torino a Roma

Ha percorso la stessa rotta del padre, che effettuò il primo esperimento mondiale di posta aerea - « E' stato divertente »

Roma 20 maggio, notte.

Il cinquantenario del primo esperimento mondiale di posta aerea è stato celebrato oggi, con un volo da Torino a Roma, compiuto sulla stessa rotta che seguì l'aereo di mezzo secolo fa. Il velivolo è stato pilotato da Fiorenza De Bernardi, figlia dell'asso Mario De Bernardi, che il 22 maggio 1917 effettuò il « raid ».

L'aereo usato per il volo celebrativo è un biplano « Tiger Moth » costruito dalla casa inglese De Havilland; ha una velocità di crociera di 130 km. orari e una autonomia di tre ore. Per consentire la rotta, da Torino a Roma, sono stati montati due serbatoi supplementari, dato che il volo sarebbe durato poco più di quattro ore. Alle ore 13.50, Fiorenza De Bernardi è partita dal campo dell'aeroclub di Torino, assieme all'avvocato Bruno De Julio; i due piloti hanno indossato la tenuta dei pionieri dell'aviazione: stivali imbottiti, giubbotto di pelle, casco e occhiali.

Il biplano, bianco e rosso, è atterrato sull'aeroporto di Roma in perfetto orario; all'atterraggio, Fiorenza De Bernardi è stata abbracciata dalla madre, Maria De Bernardi. La vedova dell'asso (il comandante De Bernardi morì nel 1959), non ha voluto fare dichiarazioni. « Ormai solo mia figlia — ha detto — ha importanza. Ad un certo punto, le madri devono sapersi mettere da parte ». Il sacco della corrispondenza, buste e cartoline commemorative dell'avvenimento, annullate con un timbro speciale, è stato trasportato nell'ufficio distribuzione di Roma-ferrovia e la posta sarà quindi consegnata ai destinatari, fra i quali sono numerosi filatelici e personalità dello Stato.

Per Fiorenza, il volo di oggi è stato « molto divertente ». Il piccolo biplano, alla media di 150 chilometri all'ora, dopo aver valicato gli Appennini, è passato su Genova alle ore 14,46 e poi, a bassa quota sul mare, si è diretto verso la capitale. Il tempo, lungo la rotta, è stato sempre buono. Solo nel primo tratto, dopo il decollo ci sono state nuvole e pioggia, ma da Portofino le condizioni meteorologiche sono migliorate. Anche al momento dell'atterraggio a Roma le nuvole si sono diradate.

Il decollo da Torino

Torino 20 maggio, notte.

Cielo grigio, nuvole basse e pioggia, non hanno fermato la signora Fiorenza De Bernardi, figlia dell'indimenticabile asso dell'aviazione italiana, nel suo tentativo di ripetere, a cinquant'anni esatti di distanza, la clamorosa impresa del padre, il primo « raid » aereo Torino-Roma, con trasporto di posta. Nel 1917, Mario De Bernardi volò su un aereo « Pomilio » e giunse a Roma, dopo meno di cinque ore, trasportando due quintali di corrispondenza.

In quella occasione, fu emesso il primo francobollo di posta aerea del mondo. E' stato impossibile ritrovare un velivolo « Pomilio » e perciò gli organizzatori della manifestazione (una nota ditta filatelica torinese) e la signora De Bernardi hanno scelto un biplano monomotore « Tiger Moth » costruito dalla De Havilland nel 1931, capace di salire sino a 4500 metri di altezza e di raggiungere una velocità di crociera di 130 chilometri orari. Il biplano in questione appartiene al figlio di Italo Balbo, Paolo, e all'avvocato romano Bruno De Julio che ha voluto accompagnare la signora De Bernardi nel suo rischioso volo.

La partenza è avvenuta sul campo dell'aeroclub di Torino: il « Tiger », dotato di serbatoi supplementari per aumentare l'autonomia di volo, e con a bordo 18 chilogrammi di posta, è stato subito circondato da una folla di curiosi, di appassionati, di ammiratori. Fiorenza De Bernardi, al centro dell'attenzione generale, ha ricordato con voce commossa l'impresa del padre ed ha narrato di come nacque in lei la passione del volo, una passione che da *hobby* si è trasformata in impegno professionale; la giovane signora sarà infatti, fra breve, la prima donna italiana in grado di pilotare un aereo di linea con passeggeri; ella sta seguendo un corso per l'Aeralpi e sarà impiegata sulla linea Milano-Venezia-Bolzano-Cortina.

Il « raid » di oggi costituisce un'impresa di carattere assolutamente eccezionale e, insieme, un omaggio a colui che mezzo secolo fa aprì la nuova « era » dell'aviazione civile. Fiorenza De Bernardi è salita sul « Tiger » alle ore 13.30, dopo aver indossato la tuta di pelle nera e il paracadute. Ha preso posto sul sedile anteriore; l'avvocato De Julio, invece, su quello posteriore. Sulla pista, il biplano ha rullato per duecento metri, poi ha preso quota, seguito da tre velivoli dell'aeroclub di Torino che, per un tratto, gli hanno fatto da scorta. Erano presenti al decollo centinaia di appassionati, i dirigenti dell'aeroclub, il generale Brak-Papa, l'ingegner Girola, il presidente del « Veteran car club », i quali prima della partenza dell'aereo hanno offerto mazzi di fiori alla intrepida donna pilota.

Dopo aver compiuto un giro sul campo, in segno di saluto, la signora De Bernardi ha puntato decisamente verso sud, scomparendo fra le nubi. Dalla radio di bordo, pochi istanti dopo, è giunto il primo messaggio: « Tutto bene, ci dirigiamo verso Roma ».

Articolo del 1966 che rievocava l'impresa che fu del padre di Fiorenza.

Lo Skyvan, I-TORE che Fiorenza chiamava la "roulotte con le ali".

Alcuni piloti dell'Aeralpi a Cortina.

IN LINEA CON L'AERALPI E L'AERTIRRENIA

Volevo rimanere a vivere in montagna ma dopo il primo volo, fatto per caso, decisi che quella sarebbe stata la mia vita. I primi anni ho volato per hobby, spesso con Graziella Sartori. Una volta vincemmo una gara dove partecipavano altri 20 equipaggi tutti maschili. Poi approfittai del permesso accordato ad alcuni civili per fare un corso di strumentale basico ad Alghero presso la scuola militare. Presi lezioni teoriche di metereologia dal famoso Col. Bernacca. Sostenni esami di navigazione, aerotecnica, metereologia, regole dell'aria, medicina, radiofonia ecc. Per seguire un corso regolare di radiofonia che si effettuava a Rieti, dopo aver passato la giornata in ufficio (la FAO) dove lavoravo per potermi permettere la realizzazione del mio programma, andavo ogni sera a Rieti verso le 21 per rientrare a Roma verso le 24.

Il Gen. Garretto di Civilavia, che mi stimava molto, mi propose come pilota al Conte Acquarone che mi assunse dicendo al suo Capo Pilota: «Fai come se fosse un uomo, o va o non va». I piloti però si coalizzarono per demoralizzarmi e rendermi la vita difficile (me lo confessarono dopo) ma io dissi loro che dopo aver vissuto tanti anni fra gli alpini ero già assolutamente svezzata. Si accorsero inoltre che il mio entusiasmo era vero e presero ad incoraggiarmi e divennero tutti miei grandi amici.

Facevamo voli con il Twin Otter anche per il piccolo aeroporto di Cortina d'Ampezzo cosi io tornai a godere delle mie montagne ma questa volta guardandole dall'alto.

Abbiamo fatto anche voli per l'Alitalia che aveva affittato i nostri aerei ed equipaggi per alcune tratte. La prima volta che dissi arrivando a Venezia: «Qui AZ 088 buonasera» mi sentii molto emozionata. Sono stata la prima donna a volare per l'Alitalia anche se una vera assunzione regolare la ebbe molti anni dopo Antonella Celletti che divenne anche la prima donna Comandante della Compagnia di bandiera.

Il Conte Acquarone era un uomo coraggioso e anche in buoni rapporti con l'Alitalia e continuò a mandare avanti l'Aeralpi nel migliore dei modi finché non fu ucciso ad Acapulco. È una storia nota. Dissero cha alla suocera erano partiti 5 colpi dalla pistola, senza volere. E lo lasciarono nella piscina per ore, prima che arrivasse la polizia. Quei colpi uccisero anche noi perche l'Aeralpi dovette chiudere. L'Alitalia assunse allora tutti i piloti meno me... ero una donna! Scrissi lettere di fuoco alla Compagnia di bandiera perché nel periodo che l'Aeralpi volava per loro nessuno si era mai lamentato di avere a bordo un pilota donna anzi molti passeggeri, prenotandosi per un altro volo, chiedevano di poter volare con me.

Fu l'Aertirrena che mi tolse dalla delusione di aver interrotto la mia entusiasmante carriera e mi assunse come pilota di taxi aereo. Una delle attività più complete perché si cambia programma da un momento all'altro, si cambia spesso itinerario per uno totalmente nuovo. L'Aertirrenia mi conferì il titolo di Comandante di un bimotore Beechcraft, con il quale abbiamo fatto anche voli a Lourde con malati pieni di speranza. Poi fui mandata a Mosca con il Comandante Luciano Nustrini al quale devo molto per la fiducia che mi ha dato, l'amicizia, gli insegnamenti e tanto ancora.

Negli anni che seguirono andai a trovare lui e la sua famiglia in Nuova Zelanda dove si erano trasferiti.

Il primo a destra è Luciano Nustrini, Marco Daivà e Fiorenza de Bernardi.
La foto è curiosa: databile al 1972, riprende la squadra della Fiorentina all'aeroporto di Firenze-Peretola, all'arrivo o alla partenza per una trasferta. Quell'anno entrò in squadra Giancarlo Antognoni, il terzo da destra, accosciato.

INCIDENTE NELLA LAGUNA VENETA

5 marzo, 1967

Una brutta notte di nebbia. Ero con un gruppo di Piloti della Aeralpi a Venezia Tessera. Tutti gli aerei erano bloccati a terra quando il Capo Pilota disse ad uno dei giovani Comandanti: «Porta Fiorenza e Carlo a fare un po' di allenamento strumentale». Decollammo con lo Skyvan che io non conoscevo perché volavo con il Twin Otter ma decolammo ugualmente nel buio. Facemmo un po' di virate sul beacon, poi a corto di carburante con tutti gli aeroporti dei dintorni chiusi per visibilità cominciammo la discesa per Tessera.

Il Comandante mi disse di leggergli le quote. Quando arrivammo in cortissimo finale si intravide un lumino che il Comandante interpretò come a sinistra della pista. Invece era quello di destra e quindi noi atterrammo sul prato acquoso e viscido. L'aereo scivolò fino al muro paraonde (la scogliera) e dopo averla saltata si rovesciò nell'acqua della laguna. Uscimmo illesi ma fradici e trovammo i colleghi che ci cercavano nel campo molto preoccupati. Baci e abbracci. Sembrava ancora una volta che il mio comportamento professionale e "normale" avesse fatto sì che io fossi accettata senza riserve negli equipaggi Aeralpi. Ho sempre nostalgia dell'Aeralpi e dei miei bravi e simpatici amici.

Lo Skyvan cappotta in acqua dopo l'atterraggio fuoripista a Tessera, Venezia.

ENTE NAZIONALE DELLA GENTE DELL'ARIA
00161 ROMA
VIA ANDREA CESALPINO, 1/a - TEL. 85 42 00

N°. 1138

Prot. N.

Roma, 9 maggio 1980

ESTRATTO DALL'ALBO PROFESSIONALE

Ai sensi degli articoli 731 e segg. del Codice della Navigazione e dell'art. 16 del Regolamento sullo Stato Giuridico della Gente dell'Aria, sulla base della documentazione in possesso di questo Ente, si certifica che il

Sig. DE BERNARDI Fiorenza

risulta iscritto nell'Albo del personale addetto al comando, alla guida e al pilotaggio di aeromobili con il titolo di Comandante

dal 1 settembre 1969

In fede e per gli usi consentiti dalla legge

IL SEGRETARIO
(Com.te Dr. Ildebrando Marchiori)

Il 9 settembre 1969 Fiorenza de Bernardi viene nominata Comandante.

A MOSCA PER L'ABILITAZIONE ALLO YAK

Dunque nel 1970 Nustrini ed io cominciammo il nostro corso per l'abilitazione al tri-jet YAK 40. Aereo robusto con grossi pneumatici che ci hanno permesso di atterrare sulla sabbia del deserto (come ad El Borma dove portammo un gruppo di ufficiali italiani e mentre loro erano in riunione, noi andammo a cogliere le "rose del deserto") e anche sulla neve (come a Bratislava nella Befana del 1971). Il creatore dello dello YAK era stato l'ing. Yakovlev che aveva conosciuto mio padre negli anni Trenta quando si era recato in Italia per un incontro con la FIAT. Quando Yakovlev lo seppe fu molto contento di avere la figlia di de Bernardi quale pilota di uno YAK che per la prima volta veniva venduto in Italia e presentato in tutto il mondo. Ci invitò a pranzo nella sua dacia nel bosco. A Mosca, durante quel periodo, vennero pure gli ingegneri della Collins per montare una strumentazione internazionale che andasse bene in tutto il mondo mentre il nostro primo YAK aveva ancora gli strumenti russi e quindi andava in chilometri e le quote le segnava in metri. Il nostro istruttore, Kolosov, parlava solo il russo, ma riuscì a farci imparare ed amare lo YAK.

Portammo poi lo YAK in giro per il mondo. Per presentarlo e per fare linee regolari in Italia e dintorni. Facemmo il passaggio macchina ad altri piloti della Aertirrena e devo confessare che quando vidi decollare lo YAK con un altro equipaggio ci rimasi male. L'I-JAKA me lo sentivo mio. Arrivarono poi l'I-JAKE e l'I-JAKI.

Una volta eravamo in Inghilterra e dovevamo decollare per Cranfield e chiesi alla torre di Brigthon la messa in moto. Un attimo dopo, una pilota inglese, Delphine Gray Fish, chiese anche lei la messa in moto. Ci rispose dalla Torre di Controllo un'altra voce femminile. Dissi al mio Comandante «Non aprire bocca! Il cielo è nostro!». In effetti era una delle prime volte che nel cielo si incrociavano voci femminili. Delphine venne poi anche in Italia e diventammo amiche.

Con l'Aertirrenia abbiamo volato anche un'intera stagione per la Olympic ed eravamo Olympic a tutti gli effetti. Alessandro Onassis era interessato agli YAK e ci chiese di lavorare per lui. Veniva spesso a Lagonisy a cenare con noi ed era molto cordiale. Una volta mi disse che se avesse avuto una greca che lavorava come me l'avrebbe assunta subito. La prima pilota greca assunta alla Olympic fu Sofianna Karamalis solo diversi anni dopo. Lagonisy era una punta di terra vicina ad Atene dove c'erano graziosi bungalow lungo la costa. Il mio era a un passo dall'acqua del mare e quando il mio turno me lo concedeva, prendevo il sole e facevo bellissimi bagni nel mare azzurro. Purtroppo un giorno sull'isola di Skiatos (che da noi fu poi chiamata Skiantos) uno degli YAK rimase accidentato. Andammo il Comandante Davia ed io a riprenderlo senza sapere bene se il carrello avrebbe funzionato o meno al momento dell'atterraggio. Lo riportammo ad Atene.

Fiorenza de Bernardi comandante di Yak 40 presso l'Aertirreno.

A Sherimetievo con l'ing. Jakovlev. Da sinistra, Luciano Nustrini,
dott. Giorgio Billi, ing. Jakovlev, Fiorenza de Bernardi.

Atterraggio dello Yak 40 sulla sabbia del deserto a El Borma, in Africa. Fiorenza de Bernardi aaccanto alla scaletta.

Il Comandante Luciano Nustrini, primo a sinistra, che nel 1971 assieme a Fiorenza de Bernardi ha accompagnato ad un gruppo di ufficiali italiani a El Borma per una conferemza sul petrolio.

In partenza per il viaggio in Australia. Da sinistra: Com.te Davià, Com.te Sette, Signora Sette, il direttore dell'Aertirrenia ing. Rebasti, Fiorenza de Bernardi.

In Grecia alla Olympic nel 1972.

CON LO YAK IN AUSTRALIA

Alla spedizione, diretta dal Com.te Sergio Sette, hanno preso parte il Capo Pilota dell'Aertirrena Gianmarco Davià, e Fiorenza de Bernardi in qualità di 1° ufficiale, oltre ai tecnici Luigi Antignani, Yuri Cikine, Yuri Viunov e Nikolai Marussic e, passeggera d'eccezione la Signora Maria Sette. Le impressioni e le esperienze del lungo viaggio sono state "fissate" da Fiorenza de Bernardi in un vivace diario ricco di notazioni, dal quale abbiamo stralciato i passi che seguono.

In Turchia

Ankara, 19 giugno 1971

Cara mamma, abbiamo atterrato ad Ankara al centro di un piovasco spaventoso e con un vento di 50 nodi "al traverso" della pista. Sul manuale tecnico del nostro aeroplano c'è scritto che non si può atterrare con più di 20 nodi invece il Comandante Davià è stato bravissimo e ha depositato lo YAK a terra dolcemente come sempre. Dal punto di contatto al parcheggio ci abbiamo però messo un buon quarto d'ora; non riuscivamo a farlo rullare tanto violente erano le raffiche del vento. Un DC9 che ci seguiva ha preferito rinunciare all'atterraggio ed ha riattaccato per altra destinazione.

Anche il viaggio in taxi dall'aeroporto all'albergo è stato emozionante perché abbiamo attraversato vari posti di blocco dove ci hanno chiesto i documenti con i fucili puntati addosso. Tutta la città sembrava in stato d'assedio per via dell'uccisione di un Ministro.

Stamani, da Firenze, siamo partiti col sole che ci ha seguiti a Roma, a Brindisi, e a Thessaloniki. Ti confesso che appena decollati mi sono sentita felice e la terribile *suspence* che mi ha stretto la gola durante gli ultimi tempi è svanita all'avvio del primo motore. I problemi organizzativi erano risolti, le ultime decisioni prese, l'equipaggio scelto senza timore di revoche.

Ti rendi conto? Io faccio parte di questo equipaggio, sono in rotta per l'Australia, con tante miglia da percorrere e tanto mondo da vedere!

Stasera siamo andati in un locale del Kent Hotel dove una ballerina faceva la danza del ventre saltando da un tavolo all'altro, roteando fra i piatti e bicchieri mentre i commensali le infilavano i soldi nella cintura dello slip. Io ho mangiato il *cek bab* che è carne di montone con riso ricoperto di yogurt.

Teheran, 20 giugno 1971

... Malgrado sia domenica, dalle autorità di Ankara abbiamo ottenuto il permesso di atterrare a Dijarbakir, aeroporto militare. Per fortuna, perché con l'autonomia del nostro aereo non saremmo potuti arrivare su altri aeroporti e il rifornimento a Dijarbakir era assolutamente necessario.

Veramente dopo le complicazioni burocratiche tipicamente italiane, avute a Brindisi, con le solite perdite di tempo, non mi aspettavo tanta sollecitudine e comprensione proprio in Turchia. A Dijarbakir ancora vento fortissimo e grande caldo. Alcuni ragazzi dell'aeroporto mi hanno riconosciuta e mi hanno regalato un giornale, scritto in turco, con una mia fotografia a colori nella cabina dello YAK. Non ho capito cosa c'è scritto ma la cosa mi diverte molto.

İKİZLER BURCU

Evinizin Günlük Gazetesi

yu

Artık kadınların yapmadıkları iş yok...

* Jet yolcu uçaklarında kaptan pilotluk yapan Fiorenza De Bernardi görevi başında görülüyor. Fiorenza "Uçmasını bilenler için pilotluk kolay bir meslek" diyor.

Kadın Jet pilotu

pilotluğa terfi eden kızı,pilot olan n vasiyeti üzerine ge başladı

ıl)

inde seferler yapan küçük şirket- ktan sonra büyük bir hava şir- ev almayı başaran Fiorenza De adında bir kadın, jet yolcu uçakla- tan pilotluğa terfi etmiştir.

BABASI 8 YIL ÖNCE ÖLDÜ

lot babanın kızı olan Fiorenza her ından öğrenmiştir. Baba Bernar- nce, kullandığı bir uçağı yere in- onra bir kalp krizi sonunda ölmüş- di onun vasiyetini tutmaktadır.

* Kadın jet pilotu Fiorenza, kullandığı uçağının içinde..Tehlike ona zevk veriyor.

L'articolo su Fiorenza apparso su un quotidiano turco.

Siamo arrivati di notte e il caldo che ci ha investiti scendendo dall'aereo, è stato incredibile. Dirigendomi verso gli uffici ho rischiato di schiacciare vari ranocchi. L'umidità qui è tale che loro si devono sentire come in uno stagno. Il sudore mi gocciolava lungo la schiena e non ho trovato refrigerio neppure nelle stanze della polizia o della dogana dove grandi ventilatori al soffitto girano muovendo appena l'aria e tutti sudano da matti e quando non si parla si ode solo il fruscio dei fogli , trattenuti a stento da grossi reggicarte in vetro.

Che sonno, che caldo, che buio! Per fortuna adesso siamo all'Inter-Continental Hotel dove abbiamo piscina e aria condizionata. Ci ha ricevuti il portiere, altissimo con divisa verde e oro, turbante sovrastato da una bellissima cresta bianca. Abbiamo cenato poco fa con pollo e riso alla pakistana, mango fresco e "Lassi" (yogurt frullato con ghiaccio e sale) molto dissetante. Il cameriere, quando ha scoperto che siamo italiani, ci ha portato a vedere il numero di Epoca con la "storia dell'aviazione" dove c'è anche la foto di un aereo del babbo. Vorrei telefonarti ma qui hanno la linea con l'Italia solo dalle 15.00 alle 21.00 e adesso è troppo tardi.

Fiorenza de Bernardi, quando ancora era 1° ufficiale, a bordo dello Yak 40.

New Delhi, 22 giugno 1971

... Casco dal sonno e domani mattina dobbiamo partire prestissimo per attraversare l'India il più rapidamente possibile. Ci addentriamo sempre più nella stagione dei Monsoni e finché le condizioni atmosferiche ci permettono di andare avanti dobbiamo approfittarne.

Con il colera che c'è in giro non è prudente indugiare troppo da queste parti; cercheremo quindi di arrivare in Birmania domani stesso.

Stamani ci siamo concessi qualche ora di relax e con un pulmino abbiamo fatto un giro turistico a Lahore e fra tanta miseria e sudicio abbiamo visto le moschee principali che sono bellissime. Non capisco perché molte straniere si intestardiscono a voler entrare in San Pietro in microgonna o addirittura in slip quando in tutte le chiese del mondo si osservano regole drastiche particolari. Per visitare le moschee del Lahore ti fanno togliere le scarpe e ti fanno infilare una specie di gabbana lunga fino alle caviglie. Il paesaggio lo abbiamo visto con gli occhi socchiusi, attraverso una nuvola di polvere. Si stava avvicinando una tempesta di sabbia. Lungo il fiume ragazzi nudi che sguazzavano insieme alle mucche, sui tetti delle case basse e piatte ci sono i letti di legno grezzo dove la maggioranza della popolazione dorme all'aria aperta.

Lahore, 21 giugno 1971

Mamma cara, stiamo seguendo la tabella di marcia piuttosto regolarmente ma dieci ore al giorno di lavoro sodo sono molte specialmente in questi climi. In volo ci alterniamo poiché siamo tre piloti, ma quando non si è in cabina ci sono le scartoffie da tenere in ordine e i successivi piani di volo da preparare.

Stamani siamo partiti da Teheran e abbiamo fatto rifornimento a Esfahan. Un bellissimo aeroporto nascosto fra montagne rocciose, a quota 1700 metri. Lo spettacolo dall'alto era straordinario!

La temperatura a terra è di 40° e alla messa in moto abbiamo dovuto "lavorare" le manette con molta cautela per non far alzare troppo la temperatura ai motori. A Esfahan sono venuti a salutarci alcuni tecnici italiani degli elicotteri Agusta e dopo quattro chiacchiere in italiano siamo ripartiti per Kandahar in Afganistan.

Ormai le radioassistenze a terra sono poche e rimaniamo senza contatti per lunghissimi tratti. Abituati al traffico aereo del nostro paese fa uno strano effetto non sentire una voce nell'aria. Le nostre "cuffie" tacevano e sotto di noi era deserto. Deserto e foschia; che solitudine! Per fortuna tutti sono sempre impegnati a bordo; c'e chi scrive, chi mette ordine nelle proprie valigie, chi si fa le unghie, chi riattacca bottoni e chi prepara panini. Ci usciranno dagli occhi questi panini improvvisati ma il tempo per fermarci a pranzare non lo abbiamo davvero.

Ogni tanto avvistiamo gruppi di capanne di terra e case basse e piatte fatte di sabbia, qualche piccola oasi lungo i fiumi asciutti e riarsi. Poi le bellissime piste di Zahedan fra dune grigie e gialle, poi di Kandahar in Afghanistan. In questo aeroporto ci arriva un aereo di linea due volte la settimana, per il resto del tempo è solitudine e silenzio, eppure la pista è favolosa e penso quanto sarebbe utile averla a Firenze.

Anche lì abbiamo trovato tutti di una cortesia commovente. Ci hanno offerto di pernottare dato che eravamo abbastanza stanchi e nella aerostazione esistono perfino delle camere, organizzate. Volevano andare a prendere un cuoco al villaggio per farci preparare spiedini di montone. Ma abbiamo dovuto proseguire per Lahore.

Abbiamo visto persone di ogni età sdraiate ovunque, sui tetti, nei prati, lungo le strade. I giardini sono bellissimi pieni di scoiattoli che ti vengono fra i piedi. Evidentemente malgrado la fame e la miseria di questo paese vengono protetti e rispettati.

In aeroporto le pratiche doganali ci hanno preso del tempo e quando eravamo pronti al decollo ci hanno rifiutato il permesso di partire. In India non trovavamo più la nostra autorizzazione per atterrare a Delhi. Sono dovuta correre nuovamente negli uffici per mostrare il nostro telex con il numero della autorizzazione, ho fatto un'altra bella sudata e finalmente il via.

Pioveva anche al nostro arrivo a Delhi. All'Air India, dove mi sono rivolta per ottenere assistenza (pulmino per i nostri bagagli, prenotazione stanze in albergo, pagamenti tasse atterraggio, ecc.) erano tutti molto indaffarati. Finalmente un bel tipo alto, moro, con grandi baffoni neri girati all'insù e un turbante bianco in testa si è preso cura di noi. Bisognava stare attenti ad aprire la bocca perché nuvole di formiche alate circolavano intorno alle nostre teste. Sui muri delle stanze numerosi gechi sonnecchiavano indisturbati.

Lunga attesa alla dogana dove hanno ispezionato minuziosamente alcune nostre valigie. Ho dato il numero di telefono a un Comandante dell'Alitalia in partenza per Roma perché domani ti porti i miei saluti. Fa piacere vedere i colori italiani quando si è in giro per il mondo.

23 giugno 1971

Partiamo da Delhi e la terra sottostante ci appare gialla e completamente riarsa ma intorno a Varanasi ci sono gruppi di case e ciuffi di alberi. Sarebbe interessante vedere questa città che è la vecchia e famosa Benares ma abbiamo solo il tempo di fare rifornimento e dare un'occhiata ai bollettini meteorologici che qui non sono per niente attendibili in quanto non hanno informazioni dirette.

Arrivando a Calcutta attraversiamo un forte temporale poi usciamo dalle nubi e vediamo nuovamente la terra. Calcutta ci appare molto estesa, immersa in un palmeto. Quasi tutto il terreno è allagato e durante il nostro "corto finale" cioè avvicinamento alla pista, passiamo bassissimi sull'accampamento dei rifugiati pakistani: tende e capanne immerse nell'acqua che arrivano quasi sulla pista. In aeroporto consegniamo le casse di zucchero della Croce Rossa Italiana che abbiamo caricato a Roma e che sono proprio per i rifugiati. Pare che una trentina di questi pakistani siano rimasti uccisi da un grosso aereo da trasporto il quale, atterrando di notte, se li è trovati all'improvviso sulla pista dove si erano sdraiati in silenziosa protesta.

Non abbiamo il permesso di atterrare a Chittagong, anzi è bene girare al largo del Pakistan orientale perché un aereo che arriva da Calcutta rischia di venire abbattuto; e già successo.

Saltare direttamente da Calcutta a Rangoon per noi e un'impresa ma saliamo a 27.000 piedi al di sopra dei margini normali della nostra pressurizzazione con conseguente maggiore fatica dell'organismo ma siamo abituati. L'importante è raggiungere una quota di minor consumo.

Nuovo temporale sul Golfo del Bengala, inseriamo tutti gli antighiaccio. La notte è nera e silenziosa, nessun contatto con la terra. Stiamo con gli occhi fissi sui nostri strumenti illuminati, specialmente sul radar e sull'indicatore di carburante. Finalmente contattiamo il VOR di Rangoon la cui pista ci accoglie luminosa e tranquillizzante.

Rangoon, 24 giugno 1971

Cara mamma, abbiamo salito una lunga gradinata di pietra. Ai lati bancarelle di "offerte" per le cappelle; dai fiori di carta dorata o variopinta alle candele. I gradini sono smozzicati, viscidi e secondo la regola del luogo, devi salirli scalza. Questa gradinata è chiusa come un enorme tunnel in salita, piuttosto buia e puzzolente. Ma quando arrivi in cima rimani senza fiato per lo stupore. La Pagoda di Shwedagon è la più grande del mondo e credo la più bella! Un agglomerato di cappelle intorno alla principale immensa e tutta d'oro che ha 2000 anni. Le cappelle dorate o di colori decisi come l'azzurro, il rosso o cosparse di vetrini colorati e scintillanti. Molte hanno il tetto spiovente che termina in un ricamo e ospitano Buddha d'oro di varie grandezze.

Fra questa scintillio si ode una musica dolcissima e misteriosa. Poi scopri che sui tetti ci sono ghiere di campanelli che tintinnano sommessamente all'aria. Davanti alle cappelle i birmani inginocchiati pregano a voce alta, i bonzi, con i loro sahari arancioni, sono in meditazione sotto gli scrosci d'acqua improvvisi. Anche noi rimaniamo inzuppati di pioggia, i capelli arricciati e le camicie appiccicate addosso ma anche quando non piove si è bagnati ugualmente dal sudore. Sono rientrata in albergo con le scarpe in mano; ho messo subito i piedi nell'acqua bollente, raschiati con la pomice, disinfettati col profumo... ma valeva la pena!

Abbiamo pranzato al Nam Sin Restaurant. È una piccola casa di legno, di un verde stinto in mezzo a una vegetazione da giungla. Uccelli intorno ce ne devono essere a centinaia ed emettono i gridi più strani. L'interno è composto da diversi "separè" con grande tavolo tondo e rispettivo ventilatore al soffitto. Sembra di essere in un racconto di Maugham.

Ci siamo buttati a capofitto sui vari piatti cinesi. Un cibo strano e gustosissimo annaffiato da tè al gelsomino. Ho comprato vari gufetti in legno rivestito di carta dorata. Qui il gufo si chiama "zigne" ed è venerato come un vecchio saggio e porta fortuna.

La citta di Rangoon è in completo disfacimento. Nessuno si occupa di rimetterla in piedi ma la popolazione ha un'aria ravviata e pulita. Le persone sono gentili e sorridono facilmente. I visi dei giovani sono quasi infantili ma non perdono nulla della loro virilità malgrado indossino le gonne di cotone colorato che fasciano i fianchi stretti e sono lunghe fino alle caviglie. Sono generalmente graziosi e mi fanno pensare ai gattini. Le donne sono deliziose, fresche con i denti bianchissimi. Spesso hanno il viso truccato come i pellerossa, con una maschera giallastra sulle guance. Mi dicono che è polvere di legno di sandalo. La bagnano con l'acqua e ne fanno una "maschera" ottima per la pelle perché asciuga il sudore e chiude i pori.

Bangkok, 5 giugno 1971

... Qui è mezzanotte mentre a Roma devono essere le 19:00. Ci siamo fermati a Bangkok perché il tempo era troppo brutto per proseguire per Songkhla dove non c'è possibilità di fare atterraggi strumentali e ci vuole un po' di visibilità.

Appena decollati da Rangoon ci siamo trovati sballottati in un cumulo nembo. Per di più sembrava che la ruota sinistra non volesse rientrare. E questo complicava le cose. Poi abbiamo verificato che era solo la luce spia a darci un avviso falso e abbiamo proseguito tranquillamente per la nostra mèta. Fortuna che lo YAK è un buon aereo e così robusto. Mi ci sono affezionata ormai che ci vivo dentro dall'anno scorso e l'ho sperimentato sia nei climi gelidi della Russia, della Cecoslovacchia e della Germania su piste ghiacciate e a 40 gradi sotto zero, sia in questi climi equatoriali.

In Italia abbiamo 40 gradi di latitudine, ora siamo a circa 14 e ci stiamo avvicinando all'Equatore.

Volevo andare stasera a vedere il famoso mercato sull'acqua ma all'albergo mi hanno assolutamente sconsigliata. Al Narai Hotel si occupavano di procurar una barca anche di notte per raggiungere il mercato lungo il fiume ma ora non osano più perché alcuni clienti sono stati derubati, uccisi e gettati in acqua. Domattina partiremo all'alba quindi non avrò il tempo.

Singapore, 27 giugno 1971

Ieri abbiamo atterrato a Songkhla su una breve pista sulla riva del mare. Avvicinandoci si è presentato lo spettacolo meraviglioso della Malesia con la sua vegetazione fittissima e verdissima, le sue palme alte e dritte fin sulla riva del mare.

Poi Singapore che è un agglomerato di isole, di insenature, di boschi con alberi disposti in giri concentrici che dall'alto danno l'impressione di enormi impronte digitali. La città è bellissima. Ville sontuose in mezzo a prati all'inglese e alberi pieni di fiori bianchi, rossi e gialli. Gruppi di capanne di legno e paglia affogate nella vegetazione. In centro alberghi di lusso e grattacieli, piccole case ad un piano, una attaccata all'altra con gli infissi dipinti di rosso e di azzurro, le scritte luminose in cinese, i negozietti che rimangono aperti fino a notte inoltrata. Tutto ha un sapore speciale.

Ho visitato il Tiger Balm Gardens che pare un giardino di Walt Disney con i suoi pupazzi variopinti ma con un carattere tipicamente cinese. Vi sono statue che raffigurano animali feroci, divinità, pagode e perfino una serie di statuette che rappresentano le punizioni dell'inferno nelle varie "corti" (tipo gironi di Dante). Sono scene orripilanti dei vari supplizi inflitti ai peccatori. Il Sri Mariamman Temple, dove gli Hindu pregano seduti in terra cantando nenie e tintinnando campanellini. La Chinatown mi ha meravigliata per la pulizia delle strade e l'ordine delle sue bancarelle dove si vende di tutto.

Singapore è porto franco e ci sono molti oggetti che vale la pena comprare. Orologi, macchine cinematografiche, registratori, parrucche. Nei negozi ti intrattengono offrendo Coca Cola, tè, sandwiches. Al momento di definire il prezzo degli oggetti che volevamo comprare abbiamo lasciato contrattare Antignani, il nostro bravo motorista napoletano che ha saputo battere gli indigeni con la sua astuzia e parlantina.

Den Pasar, 29 giugno 1971

... Ieri siamo arrivati a Den Pasar capitale dell'isola di Bali.

Ci siamo arrivati all'imbrunire al solito senza assistenza alcuna. Abbiamo passato l'Equatore alle 03:19 ora di Greenwich cioè le 10:19 ora locale. Sotto di noi l'isola di Sumatra e un mare scintillante. Per festeggiare l'entrata nell'emisfero sud non avevamo che dei barattoli di birra calda ma l'allegria a bordo è stata ugualmente vivace.

Rifornimento a Dijakarta e quindi Bali. Qui siamo quasi in inverno mail termometro segna 27° C.

I boys che ci hanno ricevuti al Bali Beach Hotel hanno il classico *sarong* di *batik*, una bustina della stessa stoffa in testa e un fiore bianco all'orecchio. Appena arrivata ho gustato il Nasi Goreng che è a base di riso con salsa piccantissima.

Oggi Aryana, un ragazzetto del luogo che parla inglese fa la guida, ci ha accompagnati in giro per l'isola. La popolazione è povera ma non muore di fame perché banane, riso e noci di cocco ci sono per tutti. Intorno a Den Pasar i terreni sono a terrazze dove si coltiva il riso. Molte persone sono chine, con i piedi nell'acqua e un cappello di paglia a falde larghissime. Per la strada portano enormi ciuffi di riso legati alle estremità di un bastone che appoggiano sulla spalla. Lungo le strade, palme da ambo i lati e piccoli negozi. I villaggetti sono contornati da alte mura coperte di muschio e di foglie, le case sono capanne di paglia e bambù ma per ogni gruppo di case c'è uno o più templi in pietra grigia.

L'isola di Bali è forse l'unica di tutta l'indonesia che abbia una religione. Una religione e una superstizione che regolano ogni atto quotidiano. Non vi sono templi solo nei villaggi ma ve ne sono in mezzo ai campi, nel folto dei boschi, in cima alle colline e scavati nel suolo. I balinesi fanno della religione un'arte e ogni tempio ha le sue divinità finemente scolpite. Il tempio "dell'Acqua primavera" che sgorga limpidissima dal sottosuolo è in mezzo al bosco e i vari altari e tempietti sono dipinti e rivestiti d'oro vero. Per entrare nel recinto bisogna mettersi alla vita una cintura di stoffa colorata che ha il magico potere di scacciare gli spiriti maligni.

Questa sera abbiamo visto i deliziosi balletti Ramayana. Il palcoscenico è un tempio al centro di un palmeto. Le fanciulle hanno costumi scintillanti d'oro di pietre e sono leggerissime e delicate. Poi siamo andati a cena al ristorante "Marco's". Tutti avevamo nostalgia di un piatto di spaghetti e un ristorante italiano ha subito attratto l'attenzione. Sono entrata per prima nel locale fatto di bambù intrecciati con tetto di paglia e nella penombra ho sentito fare il mio nome. Mi sono meravigliata moltissimo eppure era un mio amico. Che sorpresa! Da due anni si è trasferito su quest'isola di sogno e ne ha gustato tutto il fascino. Ha aperto il ristorante e sposato una graziosissima indonesiana e non ha alcuna intenzione di lasciare l'isola.

Ora sono in albergo e sto ascoltando le onde del Pacifico che si infrangono contro la barriera corallina. Dalla mia finestra vedo la spiaggia sottostante, le alte palme, il molo con il piccolo gazebo in riva al mare. Una luce rossa lo rischiara mandando bagliori misteriosi. Davvero, fra i nomi che abitualmente si danno all'isola "La gemma dei Tropici", "L'isola del Paradiso", "La mattina del mondo", non saprei quale scegliere.

Isola di Timor.

Darwin, 30 giugno 1971

Mamma cara, evviva! Abbiamo felicemente raggiunto l'Australia. L'ultima isola toccata è stata Timor. Abbiamo atterrato all'aeroporto di Kupang fra cavalli selvaggi e capre. La pista di corallo sassosa e tagliente ci ha lasciato segni evidenti sui copertoni. Ci siamo trovati in mezzo a un nuvolo di ragazzini, piccoli selvaggetti che hanno circondato l'aereo, hanno voluto vedere e toccare tutto. Le autorità dell'aeroporto quasi in disuso ma sempre militare, ci hanno ricevuti armati fino ai denti e con l'aria truce. Non erano stati avvertiti del nostro arrivo e ci guardavano diffidenti. L'omino della Pertamina se n'era andato a pesca e non si riusciva a trovarlo in tutta l'isola. Abbiamo rischiato di passare la notte a Kupang ed eravamo in pena perché a Darwin eravamo attesi e non avevamo modo di contattare nessuno.

Finalmente, poco prima del buio, dopo molte stentate chiacchiere per rabbonire il capitano e tante distribuzioni di caramelle ai ragazzini, l'omino del carburante è arrivato e siamo partiti alla volta dell'Australia.

Ancora tanto mare, tanto buio, tanto silenzio! Poi una voce in cuffia, una traccia sul radar. Il nuovissimo continente!

Prima di scendere dall'aereo siamo stati prudentemente disinfettati a spray e tutti i nostri bei fiori profumati di Bali, requisiti. Il rappresentante del Console italiano, Signor Zeroni, ci ha ricevuti molto gentilmente e ci ha accompagnati in albergo. Da qui sono riuscita ad avere l'Italia in pochi minuti, via satellite. Ho sentito la tua voce al telefono ed ora posso addormentarmi tranquilla e soddisfatta sotto la "Croce del Sud" che splende in questo cielo immenso.

Canberra, 6 luglio 1971

... L'Ambasciatore italiano Sig. Paolo Cannali, che avevo già conosciuto in Italia, ci ha ricevuti con molta cortesia nella sua abitazione. Canberra è una città modernissima, pulitissima e ordinata.

Non vedi un filo d'erba fuori posto. È sorta intorno al Bundell's Cottage, fattoria costruita intorno al 1858 e ora monumento nazionale. È forse la cosa più antica di questo paese. Siamo alloggiati al Forrest Motor Lodge che, come tutti gli alberghi dell'Australia è a singoli appartamentini di stile americano.

Qua siamo a 600 m. d'altezza e così lontani dall'Equatore che l'inverno assomiglia al nostro e fa un freddo pungente.

Dopo aver decollato da Darwin abbiamo fatto cinque tratte lo stesso giorno per arrivare a Melbourne. Abbiamo dovuto aprire subito la valigia dei maglioni di lana e metterci il cappotto. Pensare che ci eravamo appena abituati ai 50 gradi. L'Australia, che abbiamo attraversato in tutta la sua lunghezza, mi ha subito affascinata. La terra rossa dei deserti sconfinati, il cielo azzurro, l'aria tersa come noi non siamo più abituati a vedere. È favolosa!

Abbiamo fatto tanta strada per venire a presentare lo YAK 40 agli australiani e subito ci mettiamo al lavoro. Sono convinta che lo YAK è un aereo adattissimo per queste zone con tratte relativamente brevi fra un aeroporto e l'altro. Tutto qui è organizzato perfettamente e anche volare diventa meno faticoso ma parecchie piste sono corte e in terra battuta o in erba perché servono a collegare, solo con aerei da turismo, i piccoli ranch o i villaggi isolati e lo YAK è l'unico aereo jet che possa atterrare tranquillamente su piste non asfaltate e in breve spazio pur con una trentina di persone a bordo.

Comunque siamo in ballo tutto il giorno per voli dimostrativi con o senza passeggeri, talvolta con piloti delle Compagnie Aeree che vogliono provare personalmente lo YAK. Le interviste si susseguono alle conferenze stampa e tutte le mattine i giornali parlano dello YAK e tutte le sere ci vediamo in televisione. Tanto si parla del nostro aereo che durante un volo mi sono sentita salutare con un "hallo Florence!" da un pilota sconosciuto della TAA che stava volando in altra zona.

Abbiamo volato a Mt. Isa, a Melbourne, a Sidney, a Canberra. Il Comandante Davia intanto è dovuto rientrare in Italia così al Comandante Sette è rimasto solo il mio aiuto. Sette è bravissimo a presentare l'aereo. Sa sfruttarlo tutto il possibile e si sbizzarrisce in virate a 90°, in picchiate, in atterraggi e decolli cortissimi ed io mi diverto, e mi entusiasmo a fare questi voli al suo fianco.

A Sidney abbiamo avuto un giorno di riposo e siamo stati ospiti del dottor Beghè e signora che ci hanno condotto in macchina per un indimenticabile giro turistico. C'era un bel sole e Sidney che si estende su verdi colline era splendida. È forse la città più bella che ho visto. Nelle sue insenature naturali si potrebbero nascondere tutte le navi del mondo. Salvo alcuni grattacieli centrali adibiti ad uffici, le abitazioni sono ville incantevoli o piccole casette con le ringhiere dei balconi ricamati in ferro battuto.

Tutte sono immerse fra boschi di eucaliptus, fra cespugli di camelie, di stelle di Natale, di fiori tropicali. E dire che un fiore è rosso è niente perché è... un'esplosione di rosso.

Abbiamo visto l'Opera che è una delle maggiori costruzioni moderne del mondo con le sue immense cupole bianche che sembrano vele sul mare. E barche a vela ce ne sono a centinaia e prati immensi per ogni sport. Purtroppo questo mare è pieno di pescicani e bisogna fare il bagno nelle piscine o in quei tratti di mare recintati da grossi sbarramenti di ferro. I pescicani li abbiamo visti in un acquario; dagli squali a tappeto alle razze di ogni tipo. Abbiamo fatto una scorpacciata di ostriche perché le allevano e il tifo non esiste.

Brisbane, 8 luglio 1971

Cara mamma, ho una mia foto sul tavolo e ogni volta che la guardo mi viene da ridere. E sai perché? Rido di quel dolce, morbido, tenero, buffo Koala che mi sta in braccio. Tutto sonnacchioso con le sue grandi orecchie pelose. Oggi abbiamo avuto solo tre voli dimostrativi così nel pomeriggio siamo andati al Lone Pine Park. Un vero paradiso col fiume che scorre fra rive selvagge e fra i ciuffi di alberi, di stelle di Natale e di rigogliose buganvillee si intravedono deliziose villette. Nel bosco di eucalipti c'e una specie di giardino zoologico dove gli animali tipici dell'Australia vivono liberi e domestici. I Koala sono questi orsetti buffi che si nutrono di foglioline e di giorno dormono a gruppi, appoggiati ai rami nelle pose più abbandonate e divertenti. Ci sono i canguri. Se dai loro il granturco te lo leccano sul palmo della mano e con le loro zampette corte prendono la tua mano e la tirano a sé, quando il granturco è finito si alzano in piedi sulle zampe posteriori e allungano il muso verso di te con occhi teneri e ti viene voglia di abbracciarli. Alcuni canguri hanno il cangurino che tira fuori la testa dal marsupio poi la ricaccia dentro e lascia penzolare fuori solo le zampe. Anche l'Emu che assomiglia allo struzzo ma è più piccolo, si avvicina e vorrebbe beccare ma con quel becco aguzzo bisogna stare attenti; se non gli dai retta, ti guarda in faccia e il suo becco nero è proprio all'altezza dei tuoi occhi. Ci sono pappagalli dai colori più svariati e molti bianchissimi con ciuffo e coda giallo limone. Siamo rientrati navigando lungo il fiume fino al centro della città. Dopodiché io sono andata a cena da una delle pilote australiane. Altre erano invitate con me e mi hanno fatto molta festa e hanno voluto conoscere tutto sulla mia battaglia in Italia per diventare pilota professionista e di linea. Loro sono istruttrici di volo, o semplicemente sportive ma una è nientemeno che capo pilota di una piccola società di aerotaxi.

Ieri sera invece ho passato una serata molto piacevole con un vecchio amico, Ed. Mi ha vista in televisione e mi ha cercata per telefono da un aeroporto all'altro, poi ha preso un aereo di linea e da Sidney mi ha raggiunta a Brisbane per passare qualche ora con me. Mi ha fatto molto piacere rivederlo e siamo andati a festeggiare il nostro incontro con un buon vinello rosso in un ristorante italiano.

Darwin, 14 luglio 1971

Abbiamo attraversato nuovamente i grandi deserti, atterrato ancora in tanti posti. Perfino a Roma, che è una piccola cittadina di tipo western.

A Charleville ho avuto la sorpresa di trovare ad attendermi Dorothy Herbert, un'altra aviatrice che avevo conosciuto in Inghilterra molti anni fa. Ora fa il medico e si sposta pilotando il suo Piper Comanche. Abbiamo atterrato anche a Brunette dove c'è un ranch modello. Sarei rimasta volentieri una sera per farmi cantare le canzoni dei cow boys invece abbiamo avuto il tempo solo di fare un volo e di mangiare una fetta di pane appena sfornato con pomodoro fresco e maiale cotto.

A Darwin siamo arrivati il 10 sera e alloggiamo nuovamente al Poinciana Motel. La mia stanza è a pianterreno a un paio di metri dalla piscina. La sera ci riuniamo tutti qui davanti e si fanno tuffi fino alla mezzanotte. Abbiamo riempito il mio frigo di bottiglie varie così siamo da quattro giorni in completo relax. Siamo in attesa di nuovi ordini per gli appuntamenti successivi. In Australia, comunque, il nostro compito è finito. Porterò con me un piccolo Koala di pezza che ho chiamato Cuddles (tenero) e che ora ha il suo posto nella cabina dello YAK.

Lo Yak 40 è un aviogetto ma atterra ovunque: anche in un ranch, come questo di Brunette, in Australia, o su una pista di corallo come Kupang a Timor.

In questi giorni abbiamo visto altre cose interessanti perché siamo andati a un safari (fotografico) nei "bushes" dei dintorni. Abbiamo incontrato bufali selvaggi e centinaia di wallaby che sono canguri di piccola statura. Abbiamo incontrato un dingo (cane selvaggio temuto quanto un lupo) e una Goanna (lucertolone enorme, nero e viscido). Abbiamo visto centinaia di uccelli come i JabiruStur, neri e bianchi con lunghissime zampe rosse, i black cockatoo neri con coda rossa, pellicani e molti altri tipi ancora.

Abbiamo visto anche i "Magnetic Ant", che sono formicai a forma di lapidi, costruiti dalle formiche con la loro saliva e con terra. Hanno la caratteristica di essere sempre nella direzione nord-sud. Alcuni hanno fino a cinque secoli. Se ne rompi uno vedi che dentro è come un misterioso labirinto.

Siamo stati anche a vedere i balli degli aborigeni. Abbiamo attraversato un tratto di mare, approdato con un vecchio anfibio residuato di guerra su una spiaggia isolata e bianchissima, ci siamo arrampicati su per una collina dove lo spettacolo si svolgeva in mezzo alla natura. Ma la cosa che forse mi ha colpita maggiormente in questi giorni sono i gabinetti sulla spiaggia di Darwin. Fannie Beach è una grande spiaggia libera, frequentata da parecchie persone perché a un passo dalla città. Il mare è limpido, calmo e abbiamo fatto bagni favolosi e preso il sole. C'è una piccola costruzione in pietra con spogliatoi maschili e femminili, tre o quattro docce e un paio di gabinetti tenuti puliti e con regolare rotolo di carta igienica. Miracolo! Non c'e guardiano, non si paga niente, eppure la carta c'è e ci rimane fino a consumazione.

Dijakarta, 17 luglio 1971

Questa volta a Kupang ci hanno ricevuti con molti sorrisi e molti "Salamat Datang" che vuol dire benvenuti. Il Capitano è stato felice di ricevere in regalo le cartucce che gli avevano comprato in Australia. Arrivati a Dijakarta veniamo a sapere che non potremo presentare il velivolo fino a martedì 20 perché le autorità che devono assistere non sono libere prima. Ci innervosiamo un po' ma poi accettiamo di buon grado quest'altra forzata vacanza. Andiamo così a visitare Dijakarta e scopriamo anche qui una parte di mondo triste e abbandonato.

Lungo i canali che scorrono fetidi nelle zone meno centrali della città, ci sono dei recinti di paglia e bambù, alti circa un metro, per tre lati. Al quarto lato c'è il muro della città e gruppi di persone convivono in questi quadrati senza tetto, sdraiati sulla terra motosa come se fossero in porcili. Per rinfrescarsi, lavarsi (se così si può dire) e fare i loro bisogni scendono nelle acque giallastre del canale, indifferenti a tutto. Accanto c'è la strada con i risciò che corrono e la folla variopinta. Andiamo a spasso sul risciò che è molto divertente. Poi ci facciamo portare allo Sky Room Restaurant. Ci porgono su un vassoio tovaglioli di spugna bianchi o di colori delicati che sono stati immersi nell'acqua bollente profumata. Ti ci lavi le mani e asciughi il sudore del viso. Qui si mangia cinese: pinne di pescecane, zampette di ranocchie, piccioncini e gamberi con salse stranissime, germogli di bambù.

Dijakarta, 18 luglio 1971

Sono le 09:00 ora locale. Davanti a me una distesa di colline verdi con palme di banane e cespugli di tè. Qua c'è la coltivazione del te di Punjak che è una delle più famose nel mondo. Facciamo colazione sopra a Bogor. Prima colazione a base di tè, vodka, cognac armeno, salsicce, burro, cetrioli.

Antignani canta a squarciagola canzoni napoletane, Mr. Karpov che ha una bellissima voce canta le stesse canzoni ma in lingua russa e noi tutti li seguiamo chi in italiano, chi in russo e il canto si perde nel folto della vegetazione di Giava.

Mr. Karpov ci ha gentilmente accompagnati quassù e ci condurrà fino al cratere del vulcano che contiene un piccolo lago. La vegetazione è foltissima, bisogna fare attenzione ai serpenti. Andiamo anche a visitare il meraviglioso giardino botanico. Anche questa è stata una giornata indimenticabile.

Sosta a Kuala Lumpur.

Kuala Lumpur, 22 luglio 1971

A Dijakarta ho conosciuto l'unica donna pilota indonesiana che possiede un brevetto commerciale, conseguito in Olanda. Sta mettendo su una piccola compagnia di taxi aereo. È molto simpatica e l'ho fatta subito iscrivere alla Associazione Femminile Aeronautica Internazionale di cui faccio parte. Ho scritto in America presentandola alla Sede centrale e l'ho messa in contatto con la dirigente del gruppo francese.

Dopo Dijakarta siamo andati a Singapore per altri voli dimostrativi. Abbiamo quindi passato nuovamente l'Equatore e questa volta abbiamo brindato con Coca Cola e Gin.

Ora siamo nella misteriosa Malesia e oggi abbiamo fatto un giro turistico per vedere gli alberi della gomma e la fabbrica dove questa viene lavorata. Abbiamo salito i 272 gradini della Batu Caves che sono enormi grotte dove gli Hindù organizzano feste religiose. Sotto la ripidissima gradinata circola il bove sacro a cinque zampe. Sarà anche sacro ma a me ha fatto impressione, con quella quinta zampa che gli pende dal collo.

Ho assaggiato tutti i frutti tropicali esistenti ed ho cenato abbondantemente in un piccolo ristorante all'aperto (ve ne sono infiniti, uno attaccato all'altro arrangiati sotto tettoie tanto che sembra di essere ad una fiera). È famoso questo Say Wai Heong Restaurant con il cuoco Ah Loy.

Bangkok, 24 luglio 1971

Non era previsto il pernottamento a Bangkok ma stiamo aspettando il Comandante Cavicchioli che venga a darci una mano in quanto il Comandante Sette si è ammalato.

Abbiamo finito brillantemente i nostri voli di presentazione ma i chilometri da percorrere per tornare a casa sono ancora tanti. Stamani atterrando a Songkhla Sette si è sentito male. Lo abbiamo accompagnato all'ospedale del paese con una jeep dell'aeroporto e con molta preoccupazione. All'ospedale c'era una lunga fila di donnine in sarong, con i bambini in braccio ma, vista la nostra uniforme e la faccia da stranieri, ci hanno fatto subito passare dal medico che parlava un po' inglese. Un ragazzo molto giovane e garbato che ha pronosticato un'infezione intestinale ed ha fatto un'iniezione piuttosto robusta tanto per permettere al Comandante di proseguire il viaggio.

Così ora ciondoliamo per Bangkok, chiacchieriamo con gli equipaggi dell'Alitalia che alloggiano al nostro stesso albergo, e cerchiamo di ricuperare un po' di sonno e di stanchezza.

A woman's place—in the air

Miss Florenza de Bernardi at the controls o f the Yak-40 at Sydney Airport yesterday.

"I tried to work in an office, but I like to fly and once you begin, you can't stop," Miss Florenza de Bernardi said at Sydney Airport yesterday.

Miss de Bernardi had just flown in as co-pilot of the Soviet-built Yak-40 jet airliner Russia hopes to sell to Australian airline operators.

The Russian Government chartered one of the planes it had sold to the Italian air service Aertirrena to demonstrate it in Australia. This followed a ban imposed on a Russian plane and crew flying near the secret Pine Gap installations near Alice Springs.

Miss de Bernardi uses her maiden name when flying because of its association with her father. He was a famous Italian pioneer flier who made a trans-Atlantic crossing by seaplane.

He also flew what is sometimes claimed to be the first jet aircraft. This used a piston engine and a ducted propeller to produce thrust, but was very different from the burning gas thrust which powers today's jets.

The Russian-built Yak-40.

Her husband, Captain Alessandro Carocci, flies Caravelle jets for an Alitalia subsidiary.

Miss de Bernardi is one of two women commercial airline pilots in Italy.

She said yesterday she had spent a month in Moscow last year learning to fly the Yak-40. Previously, she had flown for sport and for a light aircraft company.

To demonstrate her and the aircraft's capabilities, Miss de Bernardi co-piloted the Yak-40 on a short flight up and down the Sydney coastline for members of airline companies and the press.

Experts from TAA will evaluate the plane's performance as a possible replacement for the turbo-prop passenger aircraft now in use.

The Yak-40 is a short-haul jet transport with three turbofan engines mounted at the tail. It has a crew of two and carries 27 passengers at a cruising speed of 300 mph.

Department of Civil Aviation officials said last night they knew of no women in Australia who were commercial airline pilots.

Florenza's 2 good reasons why she's always on the hop...

KUALA LUMPUR, Thurs. — Mrs. Florenza Debernardi has two very good reasons why she's mostly in the air.

She is the daughter of a pilot. Her husband is a pilot.

So it is no small wonder that she too is a pilot.

"My father was the first Italian to fly a jet plane. I think it was he who influenced me to become a pilot," she said.

Mrs. Debernardi is the only woman in Italy holding a commercial aircraft's licence.

She flew in here from Singapore yesterday as co-pilot of the mini Soviet Yak-40 bought by her airline company, the Airturina.

Demonstration

The aircraft, manufactured in the Soviet Union, has flown to about 20 Asian and European countries.

At the Subang Airport today, Mrs. Debernardi piloted the three-engine 27-seater turbo-fan aircraft in a demonstration flight over Kuala Lumpur.

Among the guests in the flight were Air Commodore Dato Sulaiman Sujak and officers from the Malaysian Air Force.

Mrs. Debernardi said life on the move for her was no problem because she has no children and her pilot husband does not object to her career.

"It is a hard life for a woman to be a commercial pilot," she said. "But I believe that if you are interested in the job you will do just as well, no matter whether you are a man or woman."

Articoli di giornale apparsi all'epoca del viaggio in Australia con lo Yak.

Rangoon, 27 luglio 1971

Contavamo fare una bella tirata verso l'India ma il brutto tempo sul Golfo del Bengala e il gentile invito a pranzo della Signora Pascarella e di suo marito l'Ambasciatore ci hanno fatto desistere dall'impresa. Quel giorno andammo alla residenza dell'Ambasciatore che è una persona affabilissima e molto spiritosa (da buon napoletano). Parla varie lingue compreso il russo così poté fare una bella chiacchierata anche con i nostri tecnici. I signori Pascarella hanno tre bambini, tre cani e un giardino e anche una deliziosa bambinaia, una donnina birmana molto saggia che si prende cura di tutta la famiglia. Con molta pazienza ha insegnato alla signora Sette e a me ad indossare il "longi". Lucio è il maggiore dei figli e con suo padre si è esibito al piano in un pezzo allegro a quattro mani. Le due bimbe sono Sakura (*Fior di ciliegio*) e Teresa. Sakura vorrebbe essere un maschietto e un giorno chiese a sua madre se potevano farla operare e trapiantarle l'anima per diventare un ragazzo! Mi ha fatto molta tenerezza.

Il pomeriggio del nostro arrivo è venuto anche l'ambasciatore australiano a salutarci così siamo stati con i nostri squisiti ospiti tutto il giorno. Ieri sono tornata a trovare la signora Pascarella alla scuola dove insegna l'italiano alle hostess della BUA. È una donna molto attiva e dinamica.

Oltre al bruttissimo tempo sulla rotta (due aerei che hanno tentato di andare da qui a Calcutta sono tornati indietro) abbiamo anche il Comandante Sette a letto e il medico locale gli ha somministrato una sbobba rosata e delle pillole. Ma le infezioni prese nelle zone tropicali non passano tanto facilmente. Per precauzione adesso mangiamo solo riso con tè e si beve whisky perché il medico birmano ha detto che fa bene come cura preventiva. Quando è tornato a trovarci, poco fa, ci ha trovati tutti seduti intorno al letto di Sette col nostro bravo bicchiere in mano. Intanto continua a piovere.

Esfahan, 31 luglio 1971

Siamo partiti da Rangoon il 28 e arrivati felicemente a Calcutta abbiamo dovuto pernottarvi perché la furia dei monsoni si è spostata sempre lungo la nostra rotta. A Calcutta ho avuto il tempo di vedere il mercato affollatissimo, i bimbi storpi che ti chiedono l'elemosina e non ti lasciano in pace un momento, pezzenti buttati a dormire sui marciapiedi, vacche magrissime e malandate ma sacre e sfaccendate si accucciano in mezzo alle strade incuranti del traffico caotico. Però sono riuscita a vedere anche ragazze graziose nei loro sahari e negozi di sete bellissime. Il 29 siamo riusciti ad arrivare a Delhi e a vedere il Kutab Minar con le antiche costruzioni fatte dagli Hindu. Secondo la nostra guida i mussulmani hanno sempre distrutto tutto ciò che gli Hindù hanno creato. Si arrabbiava contro i Pakistani, discendenti di Gengis Khan, che si stanno uccidendo fra fratelli, era convinto che gli indiani sono sentimentali e buoni e non uccidono neppure i serpenti. (Mi tornerà in mente questa frase dopo le recenti rappresaglie degli indiani contro i Pakistani). Ci ha raccontato molte cose il nostro autista. Pare ci siano ancora marajà con 40 mogli, 80 figli maschi (le femmine non vale la pena contarle), 50 auto e 100 cavalli.

Ci siamo fermati a vedere un incantatore di serpenti, poi abbiamo fatto un bel bagno in piscina e a nanna.

Stamani sveglia alle 05:30! Da Delhi al Lahore, a Karachi (perché non ci hanno permesso di seguire l'aerovia più breve), quindi Zahedan e infine Esfahan. Sono tante ore che siamo in viaggio e un buon sonno nell'Hotel Shah Abbas, da mille e una notte, ci vuole proprio!

Firenze, 2 agosto 1971

Siamo partiti da Esfahan ieri di buon'ora, purtroppo senza vedere le fabbriche dei favolosi tappeti, abbiamo atterrato a Teheran e a Dijarbakir. Quindi Istanbul dove malgrado la stanchezza siamo andati in un locale a vedere balli folcloristici e a cena sul Bosforo.

Questa mattina tutti sono rimasti a dormire ma io ho preso un taxi e ho fatto un giro veloce. Mi avevano tanto parlato di questa affascinante città ma non l'immaginavo cosi bella! Il caffè dove andava Pierre Loti è una tipica casa di legno sovrastante il Bosforo. Bevi il caffè turco e ti godi una magnifica vista. La città si estende su sette colli come Roma e i minareti si stagliano nel cielo. Sono riuscita a visitare la moschea blu e il grande bazaar. Poi ho raggiunto gli amici all'Hilton e insieme abbiamo ripreso la rotta di casa.

Abbiamo atterrato a Firenze dopo 45 giorni e 116 ore di volo. Smaniosi di telefonare alle nostre famiglie, di raccontare, di riposarci con i piedi sulla terra. Ma abbiamo indugiato pochi minuti prima di aprire la scaletta dello YAK perché abbiamo voluto fare ancora un brindisi "intimo", solo per noi. Un brindisi per l'equipaggio di questa elettrizzante avventura che non dimenticheremo mai.

Primo volo su un ghiacciao delle Alpi Svizzere con il famoso Herman Geiger.

Sull'Adamello, la mattina dopo aver dormito dell'igloo
da noi costruito per sopravvivere alla notte.

VOLO IN MONTAGNA *

L'Aero Club di Trento organizza una serie di corsi per abilitare i piloti al volo in montagna (già ne ha tenuti cinque) dei quali ci ripromettiamo di occuparci prossimamente. A questi corsi hanno partecipato note figure dell'aviazione italiana, come il campione aerosportivo Luciano Nustrini e Fiorenza De Bernardi, unica donna in Italia ad esercitare la professione di pilota commerciale (con l'Aertirrena), che ci ha inviato questo primo commento sull'affascinante volo tra le nevi.

E sì caro Com.te Zorzoli, mi sono presa la mia rivincita! Quel giorno che, atterrati a Bolzano con lo Yak.40 per il nostro regolare servizio di linea, saltasti su un piccolo Piper e te ne andasti con Enzo Centofante a prendere il sole sull'Adamello, io rimasi in mezzo al campo, un po' invidiosa, a guardarti decollare per il tuo volo straordinario.

Ebbene, nel gennaio scorso sono riuscita a fare circa 130 atterraggi sulla neve in una sola settimana ed ho ottenuto l'abilitazione per atterrare su piste in pendenza e innevate.

Cominciai a sorvolare queste bellissime montagne quando facevo il pilota per l'Aeralpi. Con l'aliante spesso ne ho sfiorato i costoni. Molti ghiacciai li ho attraversati a piedi o con gli sci, in gioventù, ma tutte queste esperienze e sensazioni meravigliose le ho provate, contemporaneamente riunite, durante la settimana nella quale col Pilatus della Avialpi e con il PA.18 dell'Aero Club di Trento, abbiamo volteggiato come falchi fra i picchi più impressionanti, atterrando qua e là, su tutte le Dolomiti.

Atterraggi col vento in coda e al traverso, con discendenze paurose, con il sole in faccia o con la neve in ombra, su pendii più o meno ripidi; dalla pista di Corvara (dove si è gentilmente ricevuti da Ernesto Casta, proprietario dell'Hotel La Perla), alle piste per sciatori dell'Alpe di Siusi; dalle forti pendenze del M. Peller e del Palus a quelle limitate da strapiombi (come sullo Sciliar) che madre natura aveva certamente riservato solo ai camosci (per mettere giù il nostro aereo ne abbiamo fatti scappare una ventina).

Ma dove non riesce ad atterrare Erich Abram? Il famoso conquistatore del K2, che detiene anche il record di velocità nell'ascensione della Nord di Lavaredo, è un favoloso pilota delle nevi e non c'è picco dove non riesca a posare le sue ali bianche e rosse.

---

* da «Alata», aprile 1974.

Erick Abram, Fiorenza de Bernardi ed Ermanno Menaldo,
a Trento di ritorno dall'avventura sull'Adamello [vedi pagine precedenti].

La scuola si è svolta soprattutto sui ghiacciai dell'Adamello dove la nostra piccola tenda con i viveri di emergenza ci aspettava fedelmente, da un giorno all'altro.

Il dott. Bassi (famoso medico del Monte Bianco che ci dava interessanti lezioni sul pronto soccorso e la sopravvivenza in montagna) mi diceva: «Atterri qui e sei ancora in cielo!». Infatti si rimaneva sempre a circa 3.500 m. Per fortuna non ci sono funivie e, con soli 20' di volo da Trento, questo Paradiso era tutto nostro.

Ho fatto volo di addestramento anche con Franzelin ed Enzo Centofante, ottimo pilota e istruttore di meteorologia.

Non crediate che il panorama lo si guardasse sognando... c'era da battere le piste, per migliorarle, affondando nella neve fino alle ginocchia, c'era da piantare bandierine, scavare buche per ripararsi dal vento e correre ad acchiappare per le ali gli aerei parcheggiati, quando il vento cercava di portarseli via.

Complimenti al Gen. Garretto e al Com.te Aicnner che sono riusciti a rendere operativa la legge Gex e sono promotori del Corsi di Volo in Montagna, e grazie al Dott. Volpi, Presidente dell'Aero Club di Trento, per l'ottima organizzazione!

In montagna il tempo, si sa, cambia repentinamente. E i piloti dell'Avi Alpi sanno riportarvi a valle al momento opportuno ma ogni aereo possiede un materiale di emergenza come sacchi a pelo, viveri e pronto soccorso per l'eventuale "sosta forzata" in posti isolati di alta montagna.

Ciò non può accadere su piste come quella del Tonale, di Corvara o dell'Alpe di Siusi. A noi della scuola è capitato di passare una notte sull'Adamello a 20 gradi sotto zero. Il nostro bravissimo istruttore Erick Abram, Ermanno Monaldo di Vicenza ed io. È stata una divertente avventura; prima di ficcarci nel sacco a pelo ci scaldammo i piedi bruciando un po' di benzina sulla pala con la quale avevamo tagliato pezzo per pezzo i blocchi di neve per costruire il nostro igloo.

Oltre al sacco a pelo avevamo un altro sacco da bivacco impermeabile. Infilati nella parete (di neve s'intende) il coltello, l'apriscatole, il cucchiaino e tutto ciò che serviva regolarmente ogni paio d'ore per preparare un Nescafè o un cioccolato sul fornelletto a mèta. Bastava grattare un po' la "parete" e il tegamino era pieno di neve da sciogliere. Tutto a portata di mano, fra una chiacchierata, una risata e una dormitina.

Una notte che non dimenticherò; ma non per lo scomodo o il freddo o la fame ma per il fascino speciale che ha un tetto azzurrino, scintillante alla fiammella di una candela, per il tepore della solidarietà e amicizia dei miei compagni di avventura, per il silenzio immenso di un mondo dimenticato (per fortuna) dalla maggioranza dell'umanità.

Fiorenza de Bernardi sull'Ademello.

Cortina 28 aprile 1991, Fiorenza de Bernardi con un gruppo di piloti dell'Associazione Italiana Piloti di Montagna durante un ritorno nostalgico sull'aeroporto che hanno chiuso da tempo.

1976, RITORNO ALLO YAK... CON CALORE *

I primi due mesi di attività nella nuova compagnia Avioligure mi hanno visto impegnato per il rinnovo del Certificato di Navigabilità dei due aeroplani e nei voli di addestramento degli equipaggi, eseguiti sugli aeroporti di Pisa e di Ciampino.

L'aeroplano, ereditato dalla Aertirrena, era il trireattore YAK 40. Di fabbricazione russa, aveva una apertura alare di 25 metri, il suo peso massimo era di 14.700 Kg e i suoi motori AI-25 sviluppavano ciascuno 1.500 Kg di spinta. Portava 24 passeggeri più due piloti e l'assistente di volo. Non era il massimo del conforto, né era all'avanguardia della tecnica, ma era un onesto aeroplano, facile da impiegare.

Nei voli di prova per il rinnovo del C/N quasi sempre era la Fiorenza, già anziana dell'Aertirrena, a svolgere le funzioni di copilota. Fiorenza è la figlia del nostro grande asso dell'aviazione Mario de Bernardi, detentore di tanti primati, ed oggi è considerata la guida e capostipite delle nostre donne pilota commerciali. La preferivo non solo per l'amicizia che ci legava, ma per la sua diligenza e abilità professionale.

A Pisa, quel 31 gennaio 1976, avevamo appena decollato con l'I-JAKI quando sul cruscotto centrale si è accesa la luce rossa del "Master Fire".

«Fiò, abbiamo il fuoco!».

Fiorenza aveva già visto la luce di avviso sul pannello posto nel cielo della cabina, che indicava l'incendio al motore sinistro ed ha annunciato:

«Isolare il sinistro!», poi sveltissima, mentre io portavo la manetta in posizione di cut-off ha afferrato la lista dei controlli di emergenza e, leggendo le voci opportune, ha chiuso la valvola del carburante di sinistra, ha azionato la prima scarica dell'estintore ed ha disinserito la pressurizzazione di cabina.

Nel frattempo io avevo corretto lo sbandamento provocato dalla perdita del motore e portato l'aeroplano nel tratto sottovento del circuito, pronto per un eventuale atterraggio immediato.

Ma la voce calma di Fiorenza mi ha rassicurato:

«Le luci sono spente, pare che l'incendio sia estinto».

«Sai, Fiorenza, io andrei ad atterrare a Firenze, così l'aereo potrà essere riparato in hangar e tutto è più semplice. Se atterriamo a Pisa ci sarà una inchiesta e non ce la caveremo più».

«Sono d'accordo. Speriamo solo che non prendano fuoco anche gli altri...». Così, comunicate alla torre le nostre intenzioni, senza far cenno all'incendio, ci siamo diretti a vista, con due motori, verso l'aeroporto di Peretola.

---

* da Carlo Zorzoli, *Vita da aviatore. Rileggendo il mio libretto di volo*. LoGisma, 2007.

«Ti sembra giusto?».

«Che cosa, Fiò?».

«Porco cane, ti sembra giusto che l'assicurazione…».

«Cosa c'entra l'assicurazione. Vedrai che avremo un motore nuovo».

«No! La NOSTRA assicurazione. Lo sai che, sul contratto, per i comandanti l'assicurazione è doppia di quella per i secondi?».

«No. Non lo sapevo».

«E allora… Se il motore esplodeva morivamo tutti e due bruciati! E se morivamo, tu prendevi il doppio ed io la metà. Come se, secondo l'assicurazione, io fossi bruciata solo a metà… Ti sembra giusto?».

«Senti, Fiorenza, prima pensiamo ad atterrare, fin che siamo ancora crudi. Poi, se riusciremo a scendere con i nostri piedi da questa graticola, riprenderemo l'allegra conversazione…».

Yak - 40 EC I-JAKE all'aeroporto di Peretola.

da sinistra: Fiorenza de Bernardi, Luciano Nustrini, Manuela Faggian, Carlo Zorzoli e Rolando Tarenghi.

IN CABINA CON FIORENZA *

Mercoledì

Controllo di Milano: «04 autorizzata a 140, limite Codogno via Parma».

Io: «L'Avio Ligure lascia 120 per 140. Codogno via Parma».

Voce: «Ciao Fiorellino!».

Io: «Ciao Sandro!».

Tutti gli aeroplani, su una data frequenza, sono in contatto con il controllo di terra e tra di loro e mi fa sempre piacere quando un amico sentendo la mia voce mi manda un saluto. È un contatto aereo che unisce per un momento le voci dei piloti che volano in quel settore arrivando da tutte le parti del mondo. Per questa ragione, nelle zone di maggior traffico, generalmente si parla in inglese.

«Hallo Florence!», mi sono sentita chiamare nel cielo dell'Australia da un pilota della Quantas, un pilota sconosciuto che mi dava il benvenuto nel cielo limpido e immenso della sua terra. Chiamavo il controllo di Melbourne; stavamo arrivando con lo YAK 40 dall'Italia dopo un viaggio fatto a piccole tappe in paesi meravigliosi, dalla Turchia al Lahore, dall'India alla Birmania, da Singapore a Bali, presentando l'aereo su cui sto volando anche oggi.

Lo YAK 40, un tri-reattore con 26 posti passeggeri, è adatto per atterrare su piste corte e su terra battuta, su erba e su sabbia. Lo abbiamo presentando nelle più importanti città australiane, atterrando anche nei ranch più sperduti. In un paese stupendo che ci ha accolto con molta simpatia.

Dal ricordo di quei cieli azzurri così lontani mi richiama il Controllo di Milano e cambio frequenza, 133.3: «Dopo Codogno standard. Pista 36. Il caffè è pronto».

Alle istruzioni di "Avvicinamento" si aggiunge una frase tutta per me. Vuol dire che i ragazzi del radar mi aspettano nel loro straordinario ambiente per offrirmi un caffè. Ragazzi giovani e in gamba che aiutano i piloti organizzando e guidando tutto il traffico aereo, i decolli e gli atterraggi di velivoli grossi e piccoli guardando le loro scie dorate in un magico schermo di vetro. Sono sicura che mio padre sarebbe molto divertito e anche commosso nel vedermi con la mia divisa blu, prima pilota italiana ad essere stata assunta su un servizio pubblico di linea. La prima moderna e coraggiosa compagnia fu l'Aeralpi.

Devo a mio padre questo enorme entusiasmo per il volo, questo "microbo" che entra nel sangue come una droga dalla quale non ci si libera più. È una droga pulita e benefica che ti porta a vivere tra spazi infiniti, nuvole colorate,

---

* da un articolo apparso all'epoca sulla «Domenica del Corriere».

paesaggi suggestivi e questo suono nelle orecchie... il sibilo del motore che ti chiama, che ti parla costantemente e ti mette i brividi nella schiena quando non sei a bordo e vedi il tuo aereo levarsi in volo senza di te. Lo segui con lo sguardo e ti senti un gran vuoto dentro quando scompare all'orizzonte e vorresti essere lassù con i tuoi colleghi a pistolare interruttori, a parlare in fonia, a carteggiare, a leggere i tuoi strumenti pieni di numeri.

Mio padre è stato uno dei più valorosi piloti mondiali. Pioniere, ebbe il brevetto nel 1913, fu nella squadriglia Baracca (mi sono molto meravigliata di non averlo sentito nominare dalla recente trasmissione televisiva "Pionieri del volo" del giovedì sera, dato che tra le numerose vittorie e invenzioni eseguì anche il primo volo di posta aerea nel 1917).

Vinse la Coppa Schneider (gara di alta velocità) a Cleveland nel 1926 e quella di alta acrobazia a Norfolk. Collaudò il primo aereo a reazione il Campini-Caproni nel 1939.

Mia madre ha raccolto le imprese di mio padre in un libro *Mario de Bernardi* (Edizioni Bizzarri), pieno di avventure vere e adatto anche ai giovanissimi dove la vita del pilota collaudatore-sperimentale, sconosciuta ai più, è messa in grande evidenza, con le fatiche, le ansie, le vittorie di questi uomini coraggiosi.

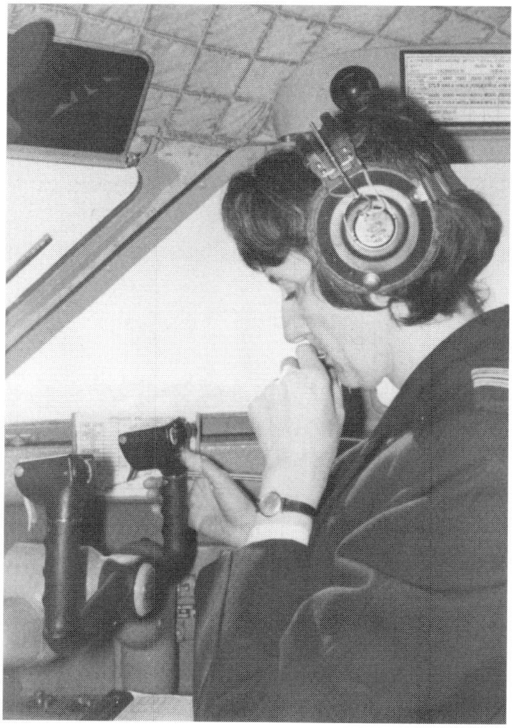

Fiorenza de Bernardi ai comandi dello Yak.

Giovedì

«L'Avio Ligure 006 accosta di 10 gradi a destra per evitare». Il Controllo accetta e cerchiamo di "evitare" un grosso cumulo nembo che, dallo schermo radar del nostro velivolo, ci guarda minaccioso. Sono inzuppata di pioggia presa sull'aeroporto e infreddolita. Tutto il parabrezza è coperto di ghiaccio. Dovevo avere il mio giorno di riposo invece mi hanno dato la sveglia molto preso per sostituire un collega. I miei appuntamenti della giornata sono saltati. Qualcuno mi attenderà ancora una volta invano e si scoccerà parecchio. Ma la nostra è una vita da zingari.

Funziona l'antighiaccio? Ok. Il radar però fa i capricci ed è una seccatura perché questi cumuli nembi aumentano. Siamo in sedici aerei uno sull'altro, ognuno al suo livello, naturalmente, in attesa che il diluvio su Linate si sposti e si possa pensare di atterrare.

«Vorrei essere a raccogliere rose del deserto. Ti ricordi Luciano?». Avevamo atterrato sulla sabbia del deserto e nell'attesa che i passeggeri finissero i loro affari presso i pozzi di petrolio, io ero andata con il Comandante Nustrini a raccogliere le rose del deserto fra le dune e il silenzio sotto un sole meraviglioso. Bei tempi!

Venerdì

Al mio ritorno a Firenze trovo molti bambini di una scuola che aspettano l'equipaggio e vogliono sapere tante cose. Un ragazzino vispo, sui sette anni, mi domanda meravigliato ed incredulo: «Ma anche le donne guidano gli aerei?». Piccola testa di uomo impunito! Anche tu, nuovissima generazione, cresci con la convinzione che ci sia qualcosa di strano nel fatto che una donna faccia un mestiere inconsueto!

«Perché – dico io – pensi che le tue compagne non sapranno fare quello che farai tu da grande?».

«Non lo so», risponde e poi non ci pensa più.

Tutti vogliono stringermi la mano e fanno domande su domande:

«Come si fa a diventare pilota?».

«Bisogna studiare».

«Molto?».

«Moltissimo», rispondo, ma il tempo stringe e devo ripartire.

«Verrai a scuola a trovarci?».

«Sì verrò». Verrò a raccontare a Francesco perché anche le donne possono pilotare aerei, verrò a raccontarvi di quando sono stata un mese a Mosca a fare il corso su questo aereo e con un istruttore che parlava solo il russo. Verrò a raccontarvi di quando dovetti costruirmi un igloo per pernottare su un ghiacciaio dove avevo atterrato con un piccolissimo aereo, e di come sia bello l'albero di Natale (io chiamo così la speciale illuminazione che ha quella forma: il VASIS) che si vede uscendo dal buio della nebbia e che indica la pista scintillante e rassicurante.

Con Avioligure a Fiumicino.
Rolando Tarenghi, Fiorenza de Bernardi e Anna De Filippis.

Fiorenza de Bernardi ai comandi del DC 8.

PRIMA DONNA ALLA GUIDA DI UN DC8*

Fiorenza de Bernardi è stata la prima donna italiana a pilotare un DC-8, aereo da quattro motori a turbina, 158.760 chilogrammi al decollo, fino a 150 posti nella versione passeggeri oppure all-cargo, cioè tutto-merci. Si chiama Fiorenza de Bernardi, età misteriosa («Non lo dico perché qui, se hai più di trenta anni e soprattutto sei donna, pensano già a scartarti»), venticinque anni di esperienza alla cloche di velivoli di ogni tipo, figlia d'arte (cioè di Mario de Bernardi, asso del volo negli anni Trenta e primo collaudatore di reattori) sposata, separata, senza figli.

HA SUPERATO I CORSI DI ADDESTRAMENTO

Per la prima volta una donna sarà alla guida di un DC-8

E' Fiorenza De Bernardi, figlia del celebre pilota degli anni Trenta - «Un'esperienza rivoluzionaria»

Fiorenza De Bernardi: ha al suo attivo una lunga esperienza

Sarà la prima donna italiana a pilotare un DC-8, aereo da quattro motori a turbina, 158.760 chilogrammi al decollo, fino a 150 posti nella versione passeggeri oppure all-cargo, cioè tutto-merci. Si chiama Fiorenza De Bernardi, età misteriosa («Non lo dico perché qui, se hai più di trent'anni e soprattutto sei donna, pensano già a scartarti»), venticinque anni di esperienza alla cloche di velivoli di ogni tipo, figlia d'arte (cioè di Mario De Bernardi, asso del volo negli anni Trenta e primo collaudatore di reattori) sposata, separata, senza figli.

«Ci ho messo del tempo a vincere questa battaglia — dice — e devo riconoscere che se l'ho spuntata il merito è anche di qualche uomo». Maurizio Maspes, amministratore delegato dell'Alitalia, e Ferruccio Pavolini, direttore del coordinamento operativo, le hanno consentito di accedere ai corsi teorici e pratici per pilotare un DC-8. Marisa Bottanelli, presidente senza complessi della Aeral (due DC-8 in flotta, base a Fiumicino, sede a Ostia, servizio passeggeri e cargo), ha invece pensato all'assunzione, offrendole un posto come allievo pilota nella sua compagnia in espansione.

Complessivamente, Fiorenza De Bernardi ha effettuato ventotto ore al simulatore Alitalia, sei ore di volo su un DC-8 e altrettante si appresta a farne sul modello della Aeral, che ha caratteristiche diverse, rispetto a quelle del tipo in servizio nella compagnia di bandiera. «All'inizio non è stato semplice, non tanto per questioni tecniche quanto perché una donna nel simulatore, con un equipaggio a disposizione di soli uomini, era un fatto rivoluzionario per l'Alitalia. Invece è andato tutto bene, tutti molto comprensivi e nessun problema di sesso. Quanto agli istruttori, non hanno proprio pensato ad usare due pesi e due misure: inflessibili con me come con gli altri allievi. E' la cosa che ho apprezzato di più. E' un fatto di professionalità».

Fiorenza De Bernardi, ha volato con molti aerei e fino a qualche anno fa era Comandante della Avioligure, a bordo di uno Yak 40 di fabbricazione russa. Con questo trireattore ha fatto dimostrazioni fino in Australia e naturalmente voli di linea tra Firenze, Milano, Roma e Torino. Ha volato per la Olimpic Airways di Onasais ed è stata il pilota rappresentante della società Piper, per diversi anni. E' stata anche in forza alla Aeralpi (fino a che Cesare Acquarone, proprietario della compagnia, non venne ucciso dalla moglie in una piscina di Acapulco e la società venne sciolta) e alla Aertirrena, dove volava su un Beechcraft.

Ha sempre partecipato a raduni, facendo coppia con un'altra pilota donna, Graziella Sartori, e nonostante questo non è mai riuscita a farsi assumere dall'Alitalia, il suo obiettivo. Ma se la compagnia di bandiera non ha per il momento aperto i ranghi anche alle donne, è pur vero che i tempi sono cambiati: se non altro ha spalancato le porte del centro addestramento al sesso femminile, con uno sforzo più psicologico che tecnico.

Infine, l'incontro con Marisa Bottanelli, che è alla guida della Aeral come presidente ed ha ovviamente scelto con entusiasmo un pilota donna. Dice Fiorenza De Bernardi: «Da parte della signora Bottanelli ho trovato una enorme disponibilità ed è grazie a lei che il muro dell'incompatibilità femminile, alla cloche di aerei come il DC-8 è stato finalmente infranto». Sarà la prima e l'ultima volta?

A. Pu.

* *Articolo del «Corriere della Sera», 4 agosto 1980.*

«Ci ho messo del tempo a vincere questa battaglia – dice Fiorenza – e devo riconoscere che se l'ho spuntata il merito è anche di qualche uomo». Maurizio Maspes, amministrazione delegato dell'Alitalia e Ferruccio Pavolini, direttore del coordinamento operativo, le hanno consentito di accedere ai corsi teorici e pratici per pilotare un DC-8. Marisa Bottanelli, presidente senza complessi dell'Aeral (due DC-8 in flotta, base a Fiumicino, sede a Ostia, servizio passeggeri e cargo), ha invece pensato all'assunzione, offrendole un posto come allievo pilota nella sua compagnia in espansione.

Complessivamente, Fiorenza de Bernardi ha effettuato ventotto ore al simulatore Alitalia, sei ore di volo su un DC-8 e altrettante si appresta a farne sul modello della Aeral, che ha caratteristiche diverse, rispetto a quelle del tipo in servizio alla compagnia di bandiera.

«All'inizio non è stato semplice, non tanto per questioni tecniche, quanto perché una donna nel simulatore, con un equipaggio a disposizione di soli uomini, era un fatto rivoluzionario per l'Alitalia. Invece è andato tutto bene, tutti molto comprensivi e nessun problema di sesso. Quanto agli istruttori, non hanno proprio pensato ad usare due pesi e due misure: inflessibili con me come con gli altri allievi. È la cosa che ho apprezzato di più: è un fatto di professionalità».

Fiorenza de Bernardi, ha volato con molti aerei, e fino a qualche anno fa era Comandante della Avioligure, a bordo di uno Yak 40 di fabbricazione russa. Con questo trireattore ha fatto dimostrazioni fino in Australia e naturalmente voli di linea tra Firenze, Milano, Roma e Torino. Ha volato per la Olimpic Airways di Onassis ed è stata il pilota rappresentante della società Piper, per diversi anni. È stata anche in forze all'Aeralpi (fino a che Cesare Acquarone, proprietario della compagnia, non venne ucciso dalla moglie in una piscina di Acapulco e la società venne sciolta) e alla Aertirrena, dove volava su un Beechcraft.

Ha sempre partecipato a raduni, facendo coppia con un'altra pilota italiana, Graziella Sartori, e nonostante questo non è mai riuscita a farsi assumere dall'Alitalia, il suo obiettivo. Ma se la compagnia di bandiera non ha per il momento aperto i ranghi anche alle donne, è pur vero che i tempi sono cambiati: se non altro ha spalancato le porte del centro addestramento al sesso femminile, con uno sforzo più psicologico che tecnico.

Infine, l'incontro con Marisa Bottanelli, che è alla guida dell'Aeral ed ha ovviamente scelto con entusiasmo un pilota donna. Dice Fiorenza de Bernardi: «Da parte della signora Bottanelli ho trovato una enorme disponibilità, ed è grazie a lei che il muro dell'incompatibilità femminile, alla cloche di aerei come il Dc-8 è stato finalmente infranto». Sarà la prima e ultima volta?

A.Pu.

COM'È FINITA LA MIA CARRIERA DI PILOTA

L'incidente più brutto che ho avuto lo ebbi con la mia macchinetta (e facciamo le corna sperando di non averne più).

Tornavo da Rieti dopo aver visto la finale dei campionati di Volo a Vela, sulla Salaria, quando senza accorgermene mi si chiusero gli occhi. Fu un attimo! Finii dentro un muraglione. Mi svegliai tre giorni dopo all'ospedale di Rieti con 34 fratture! Venne a trovarmi il Prof. Marco Pasquali Lasagni che se ne andò dicendo: «Non so da che parte cominciare».

Invece lo seppe perché mi rimise in piedi all'ospedale ICOT di Latina dove era primario. In due tempi diversi sono stata lì ben nove mesi! Ma, devo dire, curata con bravura e con affetto.

Il brevetto di pilota di linea decade se entro sei mesi non fai attività così io mi ritrovai a due anni dalla pensione con i brevetti scaduti. E così finì la mia bella carriera ma tuttora mi occupo di aviazione, lotto ancora per il riconoscimento delle donne pilota e per l'aeroporto dell'Urbe e per tutto ciò che ritengo giusto.

Quattro figli di pionieri riassumono una breve storia dell'aeronautica italiana. Da sinistra: l'Ingegnere Carlo Ferrarin, l'Avvocato Paolo Balbo, il Dottor Giovanni Caproni di Taliedo, il Comandante Fiorenza de Bernardi.

L'A.P.I., ASSOCIAZIONE PILOTE ITALIANE

Notizie storiche

Questa Associazione è stata fondata da me insieme a Graziella Sartori, Franca Grosso e Gigliola Scorta, a Biella nel 1979. Lo scopo è stato quello di far conoscere fra loro il più gran numero di pilote per combattere insieme l'inserimento nel mondo professionale, riconoscere e ricordare le conquiste delle donne nell'ambiente aeronautico. Nel dicembre 1979 scrissi all'ANPAC la seguente letterina:

> Cari colleghi, come saprete sono ormai molti anni che io sono riuscita a imporre la mia presenza quale pilota di linea. Con l'appoggio e la simpatia di molti,con l'avversione e l'ostacolo di moltissimi...........Con l'occasione vi annuncio che insieme alle rappresentanti di vari Paesi ho fondato la federazione delle Pilote Europee e in Italia l'Associazione Pilote Italiane. Saremo liete di accogliere nuove associate e anche se non siamo "femministe" nel senso antipatico della parola, siamo decise ad affermare la presenza femminile nell'Aviazione internazionale, come vuole l'articolo 1 dello Statuto delle A.P.I. Con simpatia e amicizia verso i colleghi uomini , Vi saluto......ma, come ha scritto Air Press, attenti ai pungiglioni!
>
> Fiorenza de Bernardi, Presidente delle Pilote Italiane.

Le A.P.I. divennero automaticamente parte della Federazione Europea unendoci così negli scopi e nelle battaglie per l'inserimento femminile in ogni settore e per avere amiche in tutto il mondo con lo stesso temperamento e lo stesso entusiasmo. Mi viene da sorridere quando rileggo un'altra lettera scritta all'ANPAC nel 1982, 15° anno del mio lavoro di linea:

> "Cari colleghi non crediate che abbiamo rinunciato ai nostri diritti, alle nostre battaglie, alla nostra passione anche se da molto tempo non avete sentito parlare di noi. Quest'anno la nostra riunione si è tenuta a Montegrotto Terme il 7 maggio, con visita al Museo di Aviazione di San Pelagio e visita a Venezia. Con l'occasione vi annuncio che due colleghe francesi sono arrivate al comando dell'Airbus 300. Se Alitalia continuerà a boicottare l'assunzione delle pilote italiane dimostrerà di essere sempre indietro agli altri. L'auspicio è che anche nel nostro Paese cada ogni avversione per le donne pilota, basata su argomentazioni ormai superate . Nessuno è autorizzato a precludere a priori certe scelte ai propri figli, maschi o femmine che siano. FdB

Attualmente le API hanno cambiato nome e siamo diventate A.D.A. (Associazione Donne dell'Aria) che equivale alle Women in Aviation Americane perché oltre ad avere con noi le Pilote, accogliamo molto volentieri le Paracadutiste, Direttori di Aeroporti, Controllori del Traffico Aereo, ecc.

Per ulteriori notizie anche sull'iscrizione all'Associazione potete consultare il sito www.fiorenzadebernardi.it

Le Assemblee Europee si sono svolte, fino ad ora, nei seguenti Paesi:

1979	Le Bourget, Francia
1980	Paris, Francia
1981	Zell am See, Austria
1981	Le Bourget, Francia
1982	Montegrotto, Italia
1983	Castle Donington, Inghilterra
1984	Baden Baden, Germania
1985	Genève, Svizzera
1986	Vienna, Austria
1987	Atene, Grecia
1988	Orange, Francia
1989	Neuchatel, Svizzera
1990	Portorose, Slovenia
1991	Alassio, Italia
1992	Lubecca, Germania
1993	Rochester, Inghilterra
1994	Vienna, Austria
1995	Roma, Italia
1996	Dresden, Germania
1997	Endhoven, Olanda
1998	Monaco, Germania
1999	Luxembourg
2000	Stratfort on Avon, Inghilterra
2001	Firenze, Italia
2002	Beaune, Francia
2003	Lausanne, Svizzera
2004	Salzburg, Austria
2005	Bled, Slovenia / Trento, Italia
2006	Cambridge, Inghilterra
2007	Lago di Chiemsee, Germania
2008	Trento, Italia

Altro gruppo mondiale al quale appartengo è quello delle "99". Nacquero per far valere i diritti delle donne nel campo del volo. Erano 99 con Presidente Amelia Earhart.

Sono andata insieme a Anne Giroud ad un raduno delle 99 a Atchison, Patria della Earhart, nel 1983 perché veniva posta una targa ricordo con il nome di mio padre: Mario de Bernardi, sulla collina dell'Amicizia dove vi sono i nomi dei Piloti più famosi nel mondo e, modestia a parte, ora ci sono anche io. A loro gentile richiesta ora faccio parte delle 99 di Washington. Considerando tutte le iscritte del mondo ora siamo qualche migliaio. Vi fanno parte professioniste, sportive, pilote di aerei a motore e di alianti, di elicotteri e di palloni.

Oltre ai precedenti gruppi ci sono anche le **ISA+21.**

21 erano le pilote che si riunirono in America per fondare l'Associazione Pilote di Linea. In America le pilote furono accettate dalle grandi Compagnie solo nel 1973 tanto è vero che istituirono una borsa per giovani pilote a mio nome perché, dissero, che io avevo aperto la strada anche a loro. Via via negli anni, le grosse compagnie mi scrivevano chiedendo: «Cosa dicono i passeggeri? Cosa dicono i colleghi?».

Ho sempre potuto rispondere che molti, dovendo rivolare con la nostra compagnia, chiedevano di poter volare con me. In effetti la psicologia delle persone è curiosa; se si chiede per strada di volare con una donna ai comandi c'è chi si mette le mani nei capelli, ma quando vi vedono al posto di comando, in divisa, pensano che se sei arrivata lì, chissà come sei brava!

Nei primi tempi delle riunioni ISA abbiamo parlato con direttori di compagnie aeree, medici, psicologi, per trattare la maternità, la psicologia e perfino l'eventuale "mobbing" che avrebbe potuto verificarsi con equipaggi poco educati. Sappiamo che in America madri in cinta hanno pilotato fino al 5° mese di gravidanza senza problemi.

Ho delle carissime amiche fra le ISA, diverse comandanti di DC8 e di 747 (la prima Com.te di Jumbo è stata Lynn Rippelmeir). Potrei raccontare molte avventure, molte bellissime storie ma ora mi limiterò alla lista dei congressi ai quali ho partecipato con loro:

1984	Seattle , Washington
1985	Sydney, Australia
1988	Rome, Italia
1989	Maui, Hawai
1990	Washington, D.C.
1991	Helsinki, Finlandia
1992	San Francisco, California
1993	Atlanta, Georgia
1994	Vancouver, Canada (una settimana di crociera in Alaska!)
1995	Bagkok, Tailandia
1996	Fort Worth, Texas
1997	Amsterdam, Holland
1998	Las Vegas, Nevada
1999	Paphos, Cipro
2000	San Josè, Costa Rica
2002	New Orleans, Louisiana
2003	Zurigh, Svizzera
2004	Phoenix, Arizona
2005	Boston, Massachussetts
2006	Kona, Hawaii
2007	Park Citym Utah

Io faccio parte con molto orgoglio anche dell'AIPM (Associazione Piloti di Montagna) poiché sono stata la prima donna in Italia a prendere la specializzazione ai Pilota di ghiacciai.

Meravigliose avventure!

I Piloti di montagna sono fra i miei migliori amici!

Esiste anche il gruppo *World Aviation Education and Safety Congress* che si riunì una volta dalla Contessa Maria Fede Caproni, a Venegono (Varese) nel 1992, dove io ebbi una targa ricordo per i miei meriti nell'aviazione.

Nel 1994 ci riunimmo a Bombay, India, organizzazione dell'Aero Club dell'India e di Chanda Bdhabbatti, fantastica persona che ebbi l'onore di avere ospite a casa mia. Congresso molto interessante dove ho conosciuto la bella bionda Manja Block che, iniziato il suo servizio militare a zero ore di volo si è ritrovata a pilotare un F16 anche in zone di guerra. Ci sentivamo spesso quando era posizionata a Villafranca.

Ed eccoci al gruppo *Women in Aviation* del quale fanno parte tutte le persone che si occupano di aviazione: pilote professioniste e non, sportive, militari, donne che si occupano di preparare i Jeppesen dove ci sono elencati tutte quelle cose che si devono sapere per poter pilotare nel mondo intero. Cambia il numero di un *beacon* a Firenze? Immediatamente arriverà il foglietto con il cambiamento a tutti quelli che possiedono il Jeppesen. Sono stata a Denver durante un meeting con loro ed ho visitato la Jeppesen. Che lavoro importante e difficile! Le *Women in Aviation* durante un raduno nel 2002 a Nashville mi hanno dato molto solennemente una targa "In riconoscimento dei miei meriti per lo sviluppo dell'Aviazione", ospite d'onore per tre bellissime giornate.

Io ho volato 18 anni per la linea regolare, charters, taxi aereo ma con gli anni precedenti, pilota sportiva, gare, co-pilota del rappresentante della PIPER, Mr. Robert Goernans, i miei anni di volo sono 35! Sono stata anche la prima a volare come pilota donna per l'Alitalia che aveva "affittato" gli aerei della Aeralpi con rispettivi piloti e il giorno che potei chiamare la torre di Linate dicendo "qui AZ 088" fu una grande emozione ma l'Alitalia non volle mai assumermi direttamente e non voleva assolutamente inserire le donne nei suoi equipaggi.

Finalmente, nel 1989 fu assunta con regolare contratto Antonella Celletti una ragazza simpatica e in gamba che è poi diventata anche la prima Comandante dell'Alitalia. Fu un bel passo avanti.

Tra le altre cose io ho scritto un libro *Pink Line* con la storia delle pilote europee. Piacque all'Aeritalia che se lo prese come suo omaggio da fare ai clienti e alle grandi ditte. Lo pubblicò in inglese.

La mia presentazione diceva:

«Avete visto il pilota? È una donna!». È il titolo del libro che una mia collega francese, Danielle Decuré, ha scritto recentemente mettendo a fuoco la meraviglia che ancora desta nel passeggero la "donna pilota". Dico meraviglia e non paura poiché ho potuto constatare io stessa che se parlando di una donna al volante c'è ancora chi si mette le mani nei capelli, quando la trova al posto di comando, in divisa, generalmente anche il più scettico prova curiosità, interesse, ammirazione e fiducia.

A proposito della atavica sfiducia resa palese, si conosce un solo aneddoto divertente: vedendo salire a bordo la Com.te Maguy Lecocq un signore disse che con una donna non avrebbe volato e che voleva scendere. «Non si preoccupi – gli rispose Maguy – scenderò io, le manderò un collega che ha 2000 ore di volo meno di me ma ha i pantaloni». Quel signore imparò la lezione e volò con fiducia con una donna ogni volta che ne ebbe l'occasione.

Io ho pensato sempre a valorizzare le pilote europee, professioniste e no, proprio perché mi sono accorta dell'ignoranza generale in materia di aviazione e sopratutto di aviazione femminile. Nessuno sa quello che le donne hanno fatto dai tempi dei pionieri quando per volare ci voleva un "senso" da vecchio lupo di mare perché gli aerei non erano sicuri come quelli di oggi, perché non c'erano gli strumenti di navigazione adatti, perché l'aviazione era da inventare.

Nessuno sa quante cose riescano a fare con molto coraggio e molto studio, donzelle bionde e riservate come la Magrit Orlowski che a 23 anni aveva già al suo attivo 25 traversate con momomotori e bimotori che trasporta da sola dall'America all'Europa.

Come la greca Efthymia Bellow che fa la tassinara a Parigi (anche in Grecia i tempi sono duri) per pagarsi i suoi brevetti commerciali e costruirsi un elicottero ai sua invenzione al quale lavora da anni con molta fatica e pochi soldi.

Questo libro non ha la pretesa di essere storico, tantomeno enciclopedico. Molti nomi verranno dimenticati, gli avvenimenti sorvolati perché nessuna di noi ha il tempo di approfondire, di fare ricerche. L'importante è dare un'idea di ciò che si è fatto via via e si è conquistato con tenacia, fatica, studio, battaglie contro la gelosia, la prosopopea e l'egoismo di mentalità retrograde. Se questi racconti serviranno almeno in parte ad abbattere certe prevenzioni sarò contenta di averli raccolti così come sono grata all'Aeritalia di averci dato la possibilità di realizzare il primo volume in lingua inglese perché possa essere letto da tutti gli europei e da tutto il mondo.

Così come sono grata alla Aquili Audiovisivi S.p.A. che l'ha pubblicato in lingua italiana. Abbiamo snellito i capitoli stranieri e aggiornato leggermente la parte italiana».

È ormai sfatata la leggenda per la quale la donna sportiva, quella che dimostra le stesse capacità di un uomo, debba avere tratti e atteggiamenti "maschili". Ma le battaglie per arrivare ad essere valutate a seconda delle proprie capacità e non del proprio sesso sono state lunghe, dure e sfibranti e continuano ancora.

Per fare un esempio Maryse Bastié che aveva, nel 1937, attraversato l'Atlantico da sola ed era conosciuta per avere eccezionali doti di pilota si era sentita rispondere dal Ministero dei Trasporti francese: «Dobbiamo aspettare che l'aereo diventi un normale mezzo di trasporto prima di poter giudicare i meriti di entrambi i sessi in aviazione». Con un logico punto di vista delle cose chi avrebbe potuto giudicare i rispettivi meriti se i due "avversari" non potevano competere allo stesso livello? E chi avrebbe potuto decidere la data cruciale nella quale l'aereo poteva considerarsi un normale "mezzo di trasporto". Fin dai tempi dei pionieri, dunque, le donne avrebbero voluto volare ma erano boicottate da un groviglio di leggi proibitive.

Il coraggio non è mai mancato, basti pensare alle prime che intrapresero voli in pallone. Il titolo di prima donna dell'aria va a Maria Elisabeth Thible che il 4 giugno 1784 si innalzò nel cielo a bordo del "Gustavo" (il pallone che prese il nome dal re di Svezia che presiedeva all'ascensione). La prima donna che si può veramente definire aeronauta è stata Jeanne Labrosse che il 10 novembre 1798 fece il suo primo volo saltando poi dal pallone e diventando anche la prima paracadutista.

Ho conosciuto la D.ssa Maria Denhoven che si rilassa dalle fatiche del suo lavoro di medico, librandosi nel cielo. Renate Peter, durante i suoi 200 voli ha vinto molte competizioni tra le quali la distanza superando i 683 Km in 15 ore e 45 minuti il 27 ottobre 1973 e l'altezza raggiungendo i 600 metri il 22 giugno 1974.

Ve ne sono molte altre. La prima brevettata sul pallone in Italia è Marta Heissenberger di Bolzano.

In tutti i settori del volo il sesso femminile vanta molte campionesse: da Marcelle Choisnet (Francia) alla nostra Adele Orsi (campionesse mondiali di Volo a Vela). La più famosa aviatrice del mondo è stata la tedesca Hanna Reitsh nata nel 1912. In soli 2 anni prese 6 brevetti per aerei commerciali e per acrobazia. Fu la prima persona a valicare le Alpi con aereo senza motore e aveva solo 25 anni! Dal 1935 al 1939 batté una serie ininterrotta di records e competizioni in aliante, in tutto il mondo. Divenne istruttore di aliante per Pandit Nehru in India, e diresse la sua scuola di Volo a Vela in Ghana. Durante la guerra collaudò il prototipo V1.

Altre donne famose per aver volato sui jet e aver battuto importanti records, spesso portandoli via l'una all'altra in una battaglia gloriosa e leale, sono state l'Americana Jackie Cochran e la francese Jacqueline Auriol. Jackie Cochran organizzò le *Women's Flying Training Detachment* che addestrava pilote ad azioni di guerra. Queste venivano incorporate dalle WAFS (Women Airforce Service Pilots), gruppo che volava per l'Air Transport Command. Ho conosciuto una pilota americana che si è distinta in questo gruppo; Betty Gillies che veniva ai raduni delle "99" sempre pilotando il suo aereo. Anche dall'America a Roma per un nostro congresso.

Tra i gruppi di guerra bisogna ricordare l'A.T.A. (Air Transport Auxiliary). Undici di queste donne furono qualificate per volare con i grossi quadri-motori quali i Lancaster, i Liberator, le Fortezze Volanti. Fra queste Pauline Gower, Lettice Curtiss e Joan Hughes.

In Russia vi sono donne che hanno partecipato a duelli aerei e uno dei loro avversari si accorse di combattere contro una donna quando questa, ferita, si tolse il caschetto lasciando libera una lunga chioma bionda.

Sempre in Russia troviamo le migliori campionesse di acrobazia. Ne troviamo anche in Francia: Madelyn Delcroix che nel 1968 a 20 anni su Zlin riportò la vittoria nei campionato mondiale. Nel 1977 Françoise Geminal e nel 1978 Catherine Marion. Queste ultime due fanno parte della Pattuglia Acrobatica femminile di Francia.

In Italia, dopo la guerra, Sandra Marri iniziò a fare manifestazioni acrobatiche, poi Irene Pasini ed Elena Corte e qualche altra, tutte molto brave.

Anche le gare aeree portano alla ribalta nomi femminili quali, da noi, la Marchesa Carina Negroni, Maria Teresa Cassini, Grazia Serena Sartori sempre con ottimi piazzamenti ai vari "Giri Aerei di Sicilia", alle "Settimane Aeree", ai giri delle "Dolomiti". Da ricordare Gigliola Scorta che nel 1978 è stata Campione sportivo italiano di regolarità e Franca Grosso con il suo amato Falco I-MILI.

Fa parte delle A.P.I., come Vice Presidente Maria Concetta Micheli che è la prima brevettata elicottero in Italia. Fu assunta dalla Agusta e divenne Istruttore di elicottero a terra e specialista delle varie manutenzioni sugli elicotteri. Quanto al volo fu molto boicottata finché non andò a volare con dei privati. All'Agusta, dove c'erano certamente collaudatori in gamba e anche gente perbene, c'erano pure dei tipi con la puzza sotto il naso (mogli comprese) che fecero il possibile per tenerla da parte, avvilirla con modi da gran maleducati. Cervelli piccini e deplorevoli ma chi se ne importa? Maria Concetta ha scritto molto sugli elicotteri per aiutare i giovani a capire la bellezza di questo mezzo, una sua canzoncina fu cantata alla Radio da Antonella Lualdi e quei signori di cui sopra si saranno poi trovati tra i piedi tante nuove elicotteriste e molte anche militari. Per esempio, Annette Dugaleix e Rena Fone-Tchoura che sono state le prime ammesse come elicotteriste dell'ALAT (Aviation Lègére de l'Armée de terre).

Maria Concetta Micheli

Intervista di Margherita De Bac *

Professione? Elicotterista.

Sono poche in Italia le donne che possono rispondere così, forse sei o sette. Maria Concetta Micheli, nata a Mercatale di Cortona, provincia di Arezzo, ma ormai residente a Roma da diverso tempo, risponde con slancio. Comincia a parlare di quello che fa e non la smetterebbe più. E può permetterselo. Perché lei come pilota di elicotteri è la numero uno, la prima della storia aerea italiana, la pioniera dell'aria per eccellenza.

Oggi, alle soglie del Duemila, in un'epoca in cui le donne stanno invadendo settori prettamente maschili, il suo mestiere visto alla luce dell'emancipazione femminile potrà anche apparire stravagante sì ma tutto sommato "normale".

Ma torniamo a vent'anni fa, a quando la nostra fuoriclasse cominciò la sua avventura nel mondo dell'ala rotante senza che qualcun'altra le avesse dato un esempio. Allora Maria Concetta aveva appena compiuto ventisette anni e viveva in un piccolo e grazioso paese della Toscana. A Mercatale le ragazze nascevano con un preciso cliché di vita da seguire: scuola, fidanzato, matrimonio, figli. E poi? E poi basta. Lei a questo tipo di destino disse no e lasciò libertà alle sue ambizioni. Le interessava la meccanica, provava un immenso piacere nel capire il funzionamento delle cose e nel farle funzionare essa stessa: «Inoltre ero affascinata, e lo sono ancora, dal progresso. Amo tutto ciò che verrà, che farà parte del futuro. – dice Maria Concetta – E quando ero giovane vedevo l'elicottero come uno degli oggetti che del futuro sarebbero stati protagonisti».

Con gli elicotteri cominciò ad avere confidenza all'aeroporto militare di Peretola per poi prendere il brevetto alla Nardi di Milano. Venne assunta come istruttore dalla ditta Agusta dove tenne a battesimo circa centocinquanta elicotteristi ed iniziò al volo parecchi ragazzi.

Adesso è direttore operativo di una società del nord. In carriera, col suo fido mezzo di locomozione, ha fatto un po' di tutto: ha lavorato in montagna, ha trasportato carichi e persone, ha partecipato ad esibizioni e feste, ha manovrato un bestione da 800 cavalli che si chiama "Lama".

Sul suo biglietto da visita, sono elencate le onorificenze aeree ottenute da questa donna dal forte piglio. Vi si legge Micheli Maria Concetta, Cav. Comandante pilota di elicottero, Pioniere dell'Aeronautica Italiana.

---

* dal «Corriere della Sera» del 21 dicembre 1989.

«Ho sempre creduto nello sviluppo elicotteristico – spiega lei – Fin dall'inizio della mia carriera ho considerato l'elicottero non solo come prodigio tecnologico, ma anche come fonte di lavoro. Ed è così che ho voluto pubblicizzarlo, mettendo in rilievo tutti i mestieri legati a questa meravigliosa macchina del cielo. Ritengo che la mia attività propagandistica abbia fatto aumentare la popolazione dell'ala rotante di almeno il 90%.

Audiovisivi, documentari, fiabe, canzoni, preghiere: questa l'intesa produzione della Micheli: «Ho scritto il disco "Ciao elicottero" cantato da Antonellina Lualdi. Ho composto storie per bambini di argomento ecologico-educativo. Ho creato la giornata dell'elicottero. Ho voluto sempre sbattere il muso per prima, non mi sono mai fermata davanti allo scetticismo della gente. Quando da giovane cominciai a frequentare il corso per prendere il brevetto i miei colleghi mi dicevano: inutile che ci provi, tanto non ci riuscirai. Rispondevo ridendo. Invece ci sono riuscita e, oltre al resto, ho dimostrato che le donne non sono sciocche, ma che sanno guardare lontano ed hanno il coraggio di tentare strade nuove».

Oggi Maria Concetta ha 47 anni, 1.900 ore di volo alle spalle, la passione di vent'anni fa e il "vizio" mai represso di impegnarsi in qualcosa di diverso. Attualmente sta tentando di perfezionare una sua invenzione rivoluzionaria su cui preferisce mantenere il segreto: «Perché – spiega – non mi piacciono le persone che si vantano a vanvera». Due i suoi desideri principali: essere ricordata nella storia come la prima elicotterista donna d'Italia e che il suo paese di origine venga ricordato: «Non mi sono mai vergognata di dire che vengo dalla campagna. – ripete più volte – Anzi ne sono orgogliosa. Come di tutto ciò che ho fatto in vita mia».

Maria Concetta Micheli.

DONNE PILOTA IN U.S.A.

Il 27 agosto [1983] scorso si è riunita l'Assemblea annuale della Federazione Pilote Europee. Quest'anno si è svolta. In Inghilterra, e precisamente a Middle East Airport. Due giornate nella campagna inglese, sotto un insolito sole. Sheila Scott ha curato l'affettuosa accoglienza, Jill e Eleonor Chapman l'organizzazione. Wanda Focanti e Fiorenza de Bernardi, che rappresentavano l'Italia, sono state particolarmente assistite da Naomi Christy.

Per il 1983 è stata eletta "donna dell'anno" la Margrit Orlowski, tedesca, che ha 26 anni e più di 50 traversate in Ferry flight dall'America all'Europa su bimotori e monomotori. È stata eletta "Presidente d'onore" la Signora Jacqueline Auriol. Rimane in carica in qualità di Presidente della Federazione Pilote Europee Fiorenza de Bernardi, che ci ha fatto pervenire questo resoconto circa il meeting internazionale di donne pilote tenuto lo scorso luglio negli Stati Uniti.

Siamo finalmente in volo per raggiungere l'America, dove parteciperemo ad un meeting internazionale di donne pilote, in qualità di Segretaria Generale e Presidente delle Pilote Europee, rispettivamente Anne Giroud ed io.

A Chicago scendiamo allegramente con la nostra borsa da viaggio in mano e... siamo già ferme al controllo doganale. Io ho il visto per entrare negli USA, ma è quello per lavoro aereo e non quello turistico: infatti io facevo la tratta Milano-New York con il DC.8 di una compagnia privata e non ho pensato di cambiare il mio visto. Convinti della mia buona fede e dalle lettere ufficiali di invito che abbiamo con noi, mi concedono il visto giusto e possiamo salutare la nostra gentile ospite che ci sta aspettando, impensierita.

Joan Karwin ci conduce prima nella sua casa e, il giorno dopo, partiamo con il suo Cessna per andare ad Atchison dove si svolge il meeting. Sorvoliamo l'immensa campagna americana; Kansas, Missouri con atterraggio ad Ottumwa (Iowa).

Fare del volo turistico in USA è interessante. Signore dall'aria perfettamente casalinga pilotano il loro aeroplanino con grande disinvoltura. Anche i monomotori sono strumentati e hanno pilota automatico, DME e tutto ciò che occorre per fare un volo sicuro e disinvolto. Le distanze sono enormi e quattro ore di Cessna sono abitualmente necessarie per spostarsi da una zona all'altra come abbiamo fatto nei giorni dal 22 al 24 luglio.

Siamo ospiti del Benedictine College in un'atmosfera simpatica. Ritroviamo vecchie amiche come Betty Gillis che venne in Italia 20 anni fa con il suo bimotore. Fay Gillis Wells è la perfetta organizzatrice.

---

* dal «Notiziario ANPAC», 10 ottobre 1983.

Fiorenza de Bernardi con Anne Giraud.

La mia amica Lucy Young nel Memory Lane dove, adesso, oltre alla targa con il nome di mio padre, c'è pure quello con il nome mio!

Il meeting si svolge su una collina verde e ridente dove i boschi attutiscono il calore del sole che batte a 56°. Ho la soddisfazione di vedere la targa con il nome di mio padre Mario de Bernardi fra i nomi famosi del "Memory Lane": è situata vicino al pioppo lombardo donato dall'Italia.

I discorsi si susseguono; la banda suona, le bandiere tenute da giovani boy scout sventolano fra i palloncini variopinti. Fa parte dell'organizzazione un tipico barbecue. Poi andiamo all'aeroporto Amelia Earhart. Gentilmente mi fanno trovare un P68 immatricolato americano ma di origine italiana, costruito dai fratelli Pascale e che ora ha molto successo in tutto il mondo. Facciamo un volo sulla cittadina e lungo il fiume Missouri. La sera cena ufficiale con visione dei voli del Challenger (aereo che vola con energia solare) spiegati dalla stessa pilota, la Janine Brown.

Atchison è la patria di Amelia Earhart: la sua casa natale si affaccia sul fiume. Una bella villetta come ce ne sono tante qua, tutte linde e graziose. Partiamo da Atchison con Lu Hollander, editor del «99's News» e arriviamo a Oklahoma sul suo aereo privato. Oklahoma è la terra degli agricoltori e dei cow-boys, verde, ricca di corsi d'acqua e di fattorie. Andiamo a visitare lo Shepler, uno dei mercati più grandi del mondo in fatto di oggetti per cow-boys e l'headquarters delle 99's nel Will Rogers Airport.

Ripartiamo in serata per Kansas City dove passiamo la nottata in aeroporto arrotolate nella carta stagnola, quella che da un lato ha la lana di vetro e che dovrà servire a tappezzare le pareti di un ufficio aeroportuale. Ci difendiamo così dal freddo dell'aria condizionata, dalla stangata dei prezzi degli alberghi e dagli sguardi indiscreti. A conti fatti abbiamo visto che preferiamo mangiare. A Chicago si prospetta la difficoltà del rientro prematuro ma l'efficienza del personale Alitalia riesce ad imbarcarci per l'Europa.

Mia madre sta male, sarà un triste ritorno per me, ma il nostro tuffo nel cuore dell'America ci ha convinte che dobbiamo tornarci, con più calma e più denaro e meglio organizzate perché l'America è grande, è interessante, è elettrizzante ed è tutta da vedere.

Fiorenza de Bernardi

La consorte di Mario de Bernardi si è spenta

Ci ha lasciato un simbolo

Maria Vittoria Falorsi dal 1921, quando il comandante Mario de Bernardi la scelse per sposa, visse sempre d'aviazione.

Nel libro, che a vent'anni dalla scomparsa dell'Asso, ella volle dedicargli, si ritrova intatto il clima palpitante dei records e delle manifestazioni di allora; delle gare di alta acrobazia e di velocità della Schneider con le vignette dove de Bernardi con grosse forbici e intento a tagliare le ali per rendere l'aereo più maneggevole. Si avverte l'ansia per i collaudi di innumerevoli prototipi, fino all'epigono: l'«Aeroscooter», che assorbendo buona parte delle finanze familiari, voleva portare al volo anche coloro che non ne avevano le possibilità: l'aereo per tutti. Un'esigenza coraggiosa vissuta all'unisono con la passione del marito e poi di Fiorenza, la figlia aviatrice capita e sostenuta sempre nelle difficili vicissitudini per raggiungere mete professionali più elevate, fino al passaggio sul DC.8.

Maria non concesse nulla all'emotività esteriore, ma ogni squillo di telefono l'ha sempre trovata pronta, tesa: «Tutto bene cara» ed era de Bernardi, che avendo indossato il paracadute per la prima volta, era sceso incolume, dopo essere state investito nei comandi posteriori da Lovadina. «Tutto bene, mamma» ha telefonato Fiorenza dopo innumerevoli raid.

Il rifugio, la calma che rassicura, così vogliamo ricordare questa donna che seppe irradiare tanta forza d'animo nella cattiva e nella buona sorte. Le lunghe attese col cuore sospeso, che hanno accompagnato ogni suo giorno, la fanno assurgere a simbolo stesso di «Consorte del Pilota».

INTERNATIONAL SOCIETY OF WOMEN AIRLINE PILOTS

La riunione delle donne pilota di linea del mondo, si è svolta a Roma, dal 10 al 12 maggio [1988]. Ed il luogo non è stato scelto a caso. Infatti l'invito è partito da Fiorenza de Bernardi, la figlia dell'asso dell'Aviazione degli anni trenta Mario de Bernardi. Fiorenza, 7000 ore di volo, è da sempre in prima linea nella battaglia per la conquista della cloche da parte delle donne ed è ancora, dagli inizi del 1967, l'unica pilota di linea italiana.

Alla fine del Congresso è stato annunciato che la borsa dl studio di duemila dollari che l'ISA (International Society of Women Airline Pilots) ha messo in palio per le giovani pilote, è a nome di Fiorenza de Bernardi.

«Abbiamo rinnovato il nostro comitato e siamo felici di essere in Italia», ha affermato Ginger Mitchell, presidentessa di turno dell'Associazione. Ginger Mitchell è Primo Ufficiale della Pacific Southwest Airtines, a San Francisco. Vola su linee domestiche, come del resto la maggior parte delle pilote di linea americane.

Durante la Conferenza stampa che si è svolta dopo la prima riunione dell'ISA, presso l'Hotel Quirinale, le domande dei giornalisti sono state tante e diverse: sulle reazioni dei colleghi uomini, la maternità, le "avances". Le risposte sono state chiare e precise.

Ad esempio negli Stati Uniti, quando una pilota è in stato interessante, può indifferentemente scegliere di continuare a volare o stare a casa. C'è anche chi, come Doroty Vallee, torna subito al lavoro. Anche negli USA le donne soffrono però dei pregiudizi maschili, pur rappresentando il 10% del personale di cabina dl pilotaggio. Da parte dei colleghi, ci racconta la Mitchell, e anche dei passeggeri, c'è sempre una certa tendenza ad avere paura di una donna alla cloche, convinti che non possa reggere lo stress, o dia in escandescenze in caso di emergenza. Eppure c'era anche una donna al comandi del Jumbo scoperchiato in volo, alla fine di aprile, nel cielo delle Hawai. Mary Tomkins, primo ufficiale della Haloa Airlines, in quel volo copilota, ha partecipato a tutte le operazioni dl emergenza e per due minuti ha avuto in mano l'aereo, che alla fine è riuscito felicemente ad atterrare.

L'ISA è all'undicesima edizione, quella romana, popolata da circa sessanta pilote, e si è fatta molta strada dalla fondazione. Infatti il nome completo dell'ISA, ISA+21, testimonia che all'inizio le componenti erano solo 21 e tutte americane. Riunitesi per la prima volta a Los Angeles, nel 1978, hanno avuto subito come scopo di aiutare le donne che volevano e vogliono fare carriera nell'ambito delle Compagnie di linea. Ma oramai le presenze femminili alla guida di jet non sono più una prerogativa americana. Perfino il Bangladesh ha il suo comandante, una graziosa signora con due figli. Un co-

Castelluccio di Norcia, riunion con le A.P.I. Anna Maria Serra, pilota Volo a vela, Francesca Sorrenti, pilota di linea, Diana Macchitella, pilota sportiva, Fiorenza De Bernardi, pilota di linea, Stefania, pilota sportiva e ing. del RAI.

Aviosuperficie Serristori, Arezzo. Da sinistra: Michelle Bassanesi, Paola Smacchi, Giovanna Liverzani, Maria Concetta Micheli, Mara Branchi, Donatella Ricci, Maria Clara Mussa, Anna Maria Serra, Bianca Beltrami, Graziella Sabetta Galliani, Fiorenza de Bernardi.

mandante di un B-747 della Pan Am ha addirittura cinque figli. Judy Camerun, presente a Roma, è in stato interessante di cinque mesi, e vola ancora senza l'intenzione di smettere. Molte di loro hanno una formazione militare, come Lucy Joung, pilota a Sigonella di un DC-9. Oppure come Katy Brun, che ha fatto a lungo l'elicotterista nella guardia costiera (negli USA le donne sono ammesse anche fra i marines, ma non possono partecipare alle operazioni di guerra). In America le donne pilota sono oramai più di cinquecento fra i quarantamila piloti civili. Guadagnano dai 15mila ai 200mila dollari l'anno, come i colleghi uomini.

E l'Italia? Il Comandante Sekules, dell'Alitalia, ha annunciato, nel corso della cena di gala che la Compagnia di bandiera ha organizzato per l'ISA all'Excelsior, che l'Azienda ha finalmente deciso di aprire le selezioni anche alle donne. «Abbiamo da tempo seguito l'evolversi della situazione – ha ribadito Sekules – e siamo arrivati alla conclusione che i tempi sono maturi». Infatti, alla guida del Canadair antincendio, c'è già una ragazza. E numerose altre sono state chiamate per i colloqui preliminari. Il Comandante Italo Battioli, Presidente dell'Associazione Italiana piloti di montagna, ha scritto a Fiorenza de Bernardi queste parole: «È rincuorante, vivendo in un mondo aeronautico abbastanza squallido, qual'è quello italiano, veder trionfare il coraggio, l'idealismo, la perseveranza». Insomma, non esiste quasi più nessun paese al mondo che non abbia almeno una donna pilota in cabina, e la professione in questione sembra ormai essere entrata nella quotidianità non solo degli uomini ma anche delle donne.

Complimenti a tutte, ed un grazie speciale a Fiorenza de Bernardi, che con il suo valente aiuto ha reso tutto più possibile. «Siamo orgogliosi di poterti contare nel nostro numero» concludeva la lettera del Comandante Battioli a Fiorenza.

Lucilla Quaglia

11° ISA a Roma, foto di gruppo davanti al Campidoglio.

ASSOCIAZIONE ITALIANA PILOTI DI MONTAGNA

Il Presidente   Roma, lì 29/05/1988

Cara Fiorenza,

dalla stampa apprendo che, in occasione del congresso da te organizzato, l'Alitalia ha pubblicamente dichiarato che assumerà donne pilote a partire dal prossimo anno.

È rincuorante, vivendo in un mondo aeronautico abbastanza squallido qual'è quello italiano, veder trionfare il coraggio, l'idealismo, la perseveranza. Molte difficoltà sono ancora là da venire, ma il più incrollabile tabù dell'aviazione italiana è stato infranto. Questo evento denso di significato è opera tua, e la storia te ne renderà atto.

A nome delle e dei piloti di montagna italiani ti faccio le più vive congratulazioni. Siamo orgogliosi di poterti contare nel nostro numero.

Cordiali saluti,

Italo Battioli

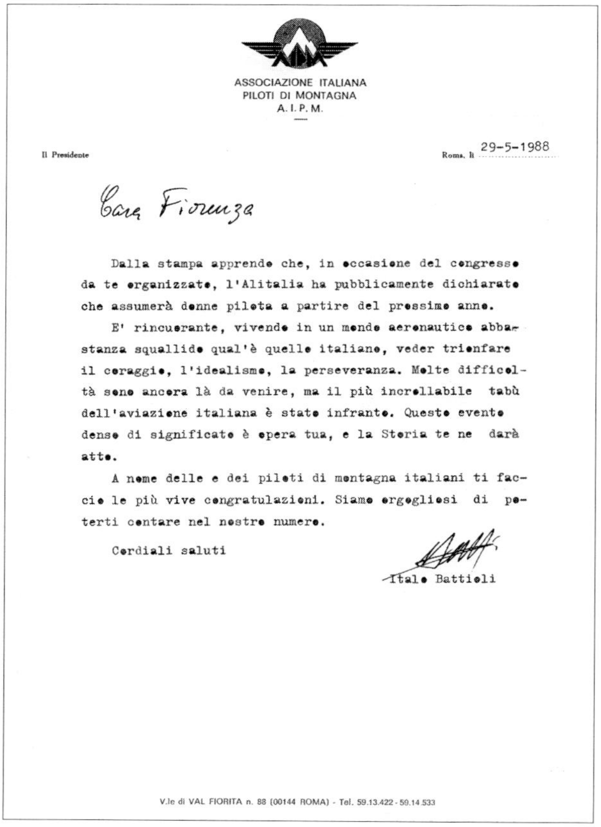

ASSOCIAZIONE ITALIANA
PILOTI DI MONTAGNA
A. I. P. M.

Il Presidente   Roma, lì 29-5-1988

Cara Fiorenza

Dalla stampa apprendo che, in occasione del congresso da te organizzato, l'Alitalia ha pubblicamente dichiarato che assumerà donne pilota a partire del prossimo anno.

E' rincuorante, vivendo in un mondo aeronautico abbastanza squallido qual'è quello italiano, veder trionfare il coraggio, l'idealismo, la perseveranza. Molte difficoltà sono ancora là da venire, ma il più incrollabile tabù dell'aviazione italiana è stato infranto. Questo evento denso di significato è opera tua, e la Storia te ne darà atto.

A nome delle e dei piloti di montagna italiani ti faccio le più vive congratulazioni. Siamo orgogliosi di poterti contare nel nostro numero.

Cordiali saluti

Italo Battioli

V.le di VAL FIORITA n. 88 (00144 ROMA) - Tel. 59.13.422 - 59.14.533

Riunione delle Donne pilote di linea alle Hawaii, 1989.

Riunione delle Donne pilote di linea a Washington, 1990.

A Castelluccio di Norcia con la mia cagnetta Neve.

Con Anna Maria Serra compagna del Volo a vela, a Castelluccio, davanti alla Baita Mario de Bernardi che era di Luigi Bellini, che ne aveva fatto un piccolo museo. Posto bellissimo! Qui abbiamo la maglietta con il ritratto di mio padre. Purtroppo Luigi ha venduto la Baita.

Sul campo di Serristori alla scuola di volo dei "Baroni rotti". Nella foto un gruppo di A.D.A. con mio nipote Corso Buscaroli al centro e il suo aeroplanino.

Sempre a Serristori, Castiglion Fiorentino.Un gruppo delle A.D.A. con Franco Bentenuti, fondatore e presidente della scuola per disabili, ottima scuola, bellissimo posto, ottimo cibo.

L'AEROPORTO DELL'URBE

Un raggio ai sole all'Aeroporto dell'Urbe.

Dopo mesi, anzi anni, di degrado assoluto e inconcepibile il nuovo Direttore ci ha fatto un gran regalo! Con la sua autorità e fermezza ha fatto in modo che quintali ai immondizia fossero rimossi, così la palazzina del Traffico e della Direzione è diventata una salotto. Ora possiamo sperare nel risorgere del nostro amato aeroporto. C'è ancora tanto da fare ma almeno il buon inizio fa ben sperare. Un aeroporto come l'Urbe, a un passo dal centro di Roma, è un valore inestimabile. Quante capitali vorrebbero averlo, raggiungibile in pochissimo tempo! C'è chi boicotta perché vorrebbe veder sorgere orrendi grattaceli ma io spero che tra poco saranno finiti i lavori principali e si riprenda, oltre ad avere più voli, anche a ritrovarci e parlare come facevamo una volta senza dispetti e senza rancore. Ogni lavoro, ogni sport, ogni attività deve avere accoglienza, appoggio e solidarietà.

Quest'anno festeggiamo l'ottantesimo compleanno dell'aeroporto con visione di bellissime fotto antiche che rispecchiano l'importanza che il Littorio-Urbe ha sempre avuto. C'è un libro *Storia di un aeroporto da Roma-Littorio a Roma Urbe* di Alfredo Stinellis che dovreste leggere. È molto interessante. Come interessanti sono anche i libri di Eginaldo Giansanti, *Le Ali di Montecelio* e *Le Ali di Guidonia* che narrano la storia del 1° Aeroporto Sperimentale dell'Aeronautica italiana.

Io ho in progetto di fare dei quadri plastificati con le foto delle imprese di quell'epoca da regalare all'Aeroporto "Mario de Bernardi" di Pratica di Mare dove si continua ad operare con valore e successo al processo dell'Aviazione. Mi aiuterà la Dottoressa Mara Branchi, la nostra dottoressa dello sport che ci segue a vista e che fa anche lanci in tandem con il paracadute. Abbiamo fatto insieme una Mostra Fotografica sull'Aviazione al femminile, un susseguirsi di foto con le pioniere, le sportive, le professioniste, le pilote di linee, le paracadutiste, le prime militari. La mostra è stata a Belluno, a Forlì, a Vigna di Valle ed ora, è all'Urbe. Cara Mara, grazie del tuo prezioso aiuto!

MEDAGLIA ALLA CARRIERA *

Grazie ANPAC per la bella medaglia ricordo di una vita passata fra il rombo dei motori e sibilo dei jet! Grazie anche per l'appoggio che mi hai dato quando ero rappresentante piloti dell'Aertirrena e dell'Avioligure.

Sono passati 35 anni dal mio primo brevetto. Eccomi "pensionata" e anche zoppa per via del grave incidente d'auto occorsomi nell'agosto dell'85 che mi ha procurato 34 fratture! Ma non pensate che io mi ritiri e mi riponga. No! Grazie alla bravura del Professor Marco Pasquali Lasagni, padre di Enrico, sona nuovamente in piedi e forse tornerò a volare.

Mi batterò ancora per le donne pilota e per aumentarne il numero nelle Compagnie aeree. Del resto abbiamo già fatto molti passi avanti e parecchie ragazze, in diversi paesi del mondo, sono arrivate al comando di vari tipi di aerei compreso il 747.

Un giorno anche l'Alitalia assumerà una ragazza ma io ci tengo a ricordare che la prima pilota che ha volato per la Compagnia di bandiera sono io perché nel lontano 1967-68 l'Aeralpi ha volato con i suoi aerei e i suoi equipaggi per l'Alitalia. Voli Alitalia, biglietti Alitalia, passeggeri Alitalia.

Io ho avuto questa soddisfazione e ricordo ancora l'emozione quando dissi per la prima volta: «Venezia, qui AZ 088, Buonasera!».

Dei miei voli sportivi, gare, voli in aliante, voli sui ghiacciai, e dei miei voli professionali quali linee aeree regolari, charter, cargo, aero taxi, presentazione dei velivoli fino al titolo di Comandante ricordo già con nostalgia gli anni meravigliosi durante i quali ho lottato e lavorato molto ma mi sono anche veramente divertita. E se la mia carriera la devo in parte al mio amore per il volo e al mio entusiasmo, la devo anche agli Amici, ai Colleghi che hanno creduto in me; a coloro che mi hanno aiutato e spesso sopportato con pazienza. Questi sono gli uomini in gamba, sicuri di loro stessi, moderni e generosi che mi hanno molto insegnato, (cominciando da mio padre Mario de Bernardi) e che desidero ricordare e ringraziare con sincero affetto.

Fiorenza de Bernardi

P.S.: Lascio alla sede dell'ANPAC il libro *Pink Line* che racconta la storia dell'Aviazione femminile europea. Potete consultarlo nella speranza che finalmente venga messo in commercio. Io ho messo insieme il materiale e l'Aeritalia ne ha generosamente sponsorizzato la pubblicazione. Lascio anche il libretto *Aviatrici d'Italia* con i migliori auguri per le prossime feste a tutti voi.

---

* da «Notiziario ANPAC», n. 1, gennaio 1987.

IL PREMIO DELLA SIMPATIA

Fiorenza de Bernardi

"Figlia del glorioso Mario de Bernardi pioniere dell'aviazione italiana, è anch'essa una pioniera della professionalità aviatoria in campo femminile.

Primo brevetto nel 1951, pilota di linea nel 1967 in compagnie private guida il trimotore-jet YAK-40 di fabbricazione russa.

Ha fatto voli cargo e charter con DC-8 dopo un corso all'Alitalia.

Ha scritto la Storia dell'Aviazione femminile europea che può essere un manifesto sulla partecipazione e la presenza della donna in cui il mito "uomo" è ancora "inviolato".

IL PREMIO
DELLA
SIMPATIA

Ideato da
Domenico Pertica

CAMPIDOGLIO

Piazza dell'Emporio, 16/a - Tel. 57.25.27

00153 ROMA

Bronzo di Assen Peikov

Presidente onorario:

Senatrice Camilla Ravera

Giuria:

Alfio Borghese
Gianni Borgna
Remo Croce
Giovanni Di Geso
Severino Gazzelloni
Miriam Mafai
Emilia Peikov
Teresa Purificato
Alberto Sordi
Flora Volpini

Comitato d'Onore:

Ministro del Turismo e Spettacolo
Sindaco di Roma
Presidente della Regione Lazio
Presidente della Provincia
Presidente dell'E.P.T. di Roma

Aldo Palazzeschi

Fiorenza DE BERNARDI

"Fighia del glorioso Mario De Bernardi pioniere della aviazione italiana,è anch'essa una pioniera della professionalità aviatoria in campo femminile.
Primo brevetto nel 1951,pilota di linea nel 1967 in Compagnie private guida il trimotore-jet "Jak-40" di fabbricazione russa.
Ha fatto voli-cargo e charter con DC-8 dopo un corso all'ALITALIA.
Ha scritto la Storia dell'aviazione femminile europea che può essère un manifesto sulla partecipazione e la presenza della donna in un settore in cui il mito "uomo" è ancora inviolato".

UNA CURIOSITÀ

Nel 1984, ormai all'apice della notorietà, Fiorenza de Bernardi è finita anche sulle scatole dei bastoncini Findus. Sul riconoscimento di una sua foto da bambina si giocava la risposta ad un quiz per il concorso alla vincita di una borsa di studio. Sotto la sua foto era scritto: "veloce come il suono"...

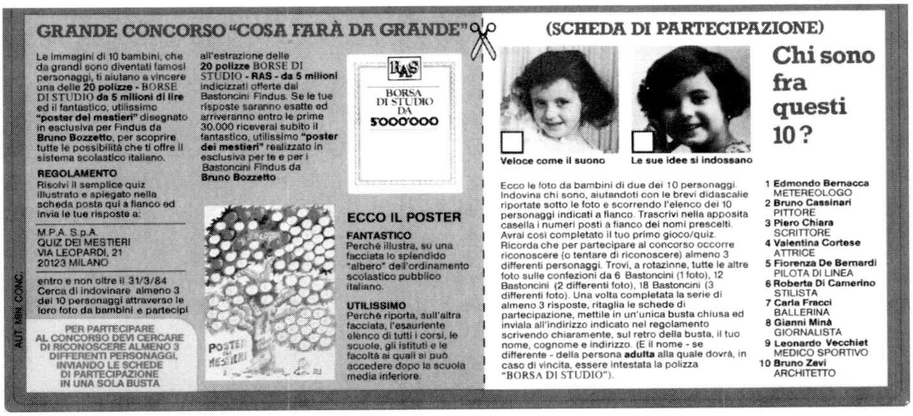

Come si diventa immortali oggi... finendo su una scatola di famosi surgelati!!!
Ecco come si presentava il retro e il fronte della scatola sulla quale Fiorenza faceva il suo esordio fra i volti più noti e conosciuti della contemporaneità italiana.

DIVAGAZIONI

Bisogna rispettare il dolore di chi non ha parole,
il diritto di chi non ha difesa
Virgilio

Il vostro cane

Non si cura di chiedervi se avete ragione o torto,
non si preoccupa se voi abbiate fortuna o no,
se siete ricco o povero ignorante o istruito, peccatore o santo,
siete suo compagno e ciò gli basta.
Egli sarà accanto a voi per confortarvi, proteggervi
e se occorre dare per voi la vita.
Egli vi sarà fedele nella fortuna come nella miseria.

A PROPOSITO DI ANIMALI

Credo che se il Signore Iddio avesse creato il mondo, la natura e gli animali e avesse tralasciato di creare l'umanità avrebbe avuto una buona idea e adesso avrebbe una terra incontaminata, l'aria limpida e gli animali sarebbero certamente più felici pur mangiandosi talvolta a vicenda per il loro sostentamento e l'equilibrio naturale.

L'umanità, pur arrivando a inventare cose fantastiche nelle ricerche della tecnica e in ogni genere di sapere ha però mantenuto, nella gran parte degli individui, una mentalità grezza, idiota e perfida. E non pare che si migliori affatto. Credo così che, poiché siamo anche noi tutti animali, la razza degli umani sia la più cattiva (mi scusi tanta brava gente) e se il Signore ci ha fatto a sua immagine e somiglianza c'è di che aver paura ad andare nell'aldilà. Io spero che assomigli a mio padre che era meraviglioso, in gamba ed onesto.

Perché non ricominciamo tutto da capo, anche dalle piccole cose? Insegniamo all'asilo che non si butta la carta per terra e tantomeno le bottiglie di vetro. Che non si abbandonano gli animali e non si fa loro del male. Obblighiamo i più grandi ad andare a scuola con una tuta sportiva, maschi e femmine, senza culi scoperti e neppure quelle panciotte oscene.

Gli animali vanno trattati bene, cani o gatti o uccelli o serpenti che siano, e infatti da anni io combatto per sensibilizzare la gente che non pensa agli animali, che non li conosce. La gente che poi addirittura li maltratta, li abbandona, o fa loro del male, fa veramente vergognare di far parte della specie umana. Gli animali, piccoli o grandi, sono come dei bimbi, ingenui, indifesi, pronti ad amarvi e a dare la loro vita per voi. Non sto qui a dilungarmi su storie incredibili del loro comportamento o su storie tristi. Approfitto solo di questo mio scritto solo per fare a tutti un appello. Non abbandonate i vostri animali!! Avete mai guardato negli occhi un cane abbandonato? Quanta disperazione vi si legge. Quanta amarezza, disillusione e paura.

Per raccontarvi quanta stupidità ho riscontrato nei miei simili, vi dirò che mi sono trovata spesso, per strada, a dare la pappa ai gatti e a ricevere i commenti più diversi. Una volta una signora, passando vicino a me mi disse «Ma ci sono tanti bambini che hanno fame!». «O signora – le risposi in tono toscano – o non ci pensa lei ai bambini? Io ne ero sicura, stavo tranquilla!». Come se la fame degli uni togliesse la fame agli altri. Ma che ragionamento.

Un'altra volta mentre stavo sotto la pioggia, mettendo i piattini sotto un'auto perché i gatti si bagnassero meno andando a mangiare, passò un giovanotto con una ragazza. Mi guardò e disse «Che schifo!». «Ehi lei, si volti un po'», gli urlai mentre proseguiva. Lui si voltò. «Vada vada, volevo solo vedere com'è la faccia di un coglione!», gli gridai.

Un altro giorno passò una coppietta di signori anziani, lei con la sua borsa ciondoloni, mentre io ed una mia amica cercavamo di avvicinare una gatta per prenderla con la rete e portarla a sterilizzare. «Mi scusi signora – dissi io – Le dispiacerebbe passare da quell'altro lato che stiamo cercando di prendere quella gattina?». «Eh sì.. io ora mi scanso per un gatto!», rispose quella altezzosa. «Vada vada Signora, vada in Chiesa tutte le domeniche, tanto all'inferno ci finirà ugualmente!». E così via per anni fra battute, battaglie e sacrifici.

Se qualche anima buona vorrà dare un aiuto al "Rifugio di San Francesco" nato per volere del Prof. Don Niccolino Valeri, che purtroppo non c'è più, sarebbe una cosa molto bella. Ora il Rifugio è affidato al Sig. Beppe Conti e posso assicurarvi che ogni Euro sarà usato per i cani, per i gatti, per le caprette e per tutti gli animali che vengono raccolti in quel luogo.

Il c/c è 83174755, intestato al Rifugio San Francesco , Sede di Roma.

Grazie!

Fiorenza de Bernardi

Rodi e Chicco.

Curriculum Vitae di Fiorenza de Bernardi

Nata a Firenze il 22 maggio 1928, figlia di Mario de Bernardi, famoso pilota acrobatico e collaudatore, segue studi regolari e si dedica al volo acquisendo prima il brevetto di 1° grado, nel 1951, e poi via via i brevetti di volo a vela, 2° grado e 3° grado.

Per dieci anni fu copilota di Robert Goemans, rappresentante europeo della Piper, con il quale partecipò a molte gare e raduni.

Nel 1965 seguì il corso IFR basico presso la scuola di Alghero volando con il P 148 e diventando una delle prime donne italiane a volare su velivoli militari.

Nello stesso anno fu assunta dalla Compagnia Aeralpi ove completò il corso IFR e volò, come copilota, su Skyvan e Twin Otter. Poiché la compagnia effettuava voli con codice AZ, fu la prima donna italiana a trasportare passeggeri Alitalia.

Più tardi fu anche la prima donna ad essere abilitata al volo in montagna.

Successivamente volò con "Aertirrena" dove divenne Comandante, prima sul bimotore ad elica Beechcraft-Queen Air e poi sul trireattore Yak 40 per il quale effettuò uno specifico corso a Mosca.

Passò poi ad "Avioligure", e "Aeral" (ove pilotò il DC 8 sul quale si era abilitata presso Alitalia) ed infine la "Cadabo" ancora con lo Yak 40.

Dopo oltre 7000 ore di volo la sua carriera si concluse nel 1985 per un gravissimo quanto banale incidente d'auto.

È fondatrice dell'A.P.I. (Associazione Pilote Italiane) che oggi ha preso il nome di "Associazione Donne dell'Aria".

Abilitazioni:
FL3 - FL 53 - 54 - 55
Macchi 308
Rondone F 7
Auster V
L5
Macchi 416
P 68 - PA 18
Twin Otter
BE80-QueenAir
BN2-Islander
Yak 40
DC8

Perché amar Fiorenza

Perché amar Fiorenza, se ad ogni argomentar ella m'è opposta?
Con ordinato intelletto mi scruto, ma non ho risposta.
Eppur al paolino invito, per il di lei onor convito, ***l'eccomi!*** *immediato,*
di libero slancio appassionato, prorompente e dal cor fluito.

Perché amar Fiorenza,
se dal suo borghese pensar l'animo mio per sofia discosta?
Con rigorosa scienza m'indago, ma non ho risposta.

E turbato, sospeso rimango... intuisco la corretta proposta:
Chi è Fiorenza? M'interrogo e senza sosta
di repliche la babelica ridda m' assale:
l'immagine, l'arguzia, la movenza, l'onestà, l'energia, la fermezza,
per i deboli scudo, rifugio, guarenza, per difesa del vero veemente arditezza,

Ascolto la mente mentre esse discerne,
e parimenti ascolto l'animo mio incantato.
Ragione e passione accordo lieto e pacato
nell'armonica risposta distinta e intiera:
l'amo perché persona, persona vera.

Roberto *

---

* un caro amico di idee politiche diverse dalle mie.

Indice

Prefazione 5
Chi è Fiorenza de Bernardi 7

La famiglia

Dove atterrò la cicogna: la mia famiglia 11
Io, Fiorenza 23

La carriera

Il mio promo volo 39
Con Graziella in Portogallo, nel 1957 45
Grazie Serena Sartori Pacini 51
La scomparsa di mio padre, Mario de Bernardi . . . 53
Alghero, 1965, alla scuola militare 66
Posta aerea, sulle orme di mio padre 67
In linea con l'Aeralpi e l'Aertirrenia 71
Incidente nella laguna veneta 73
A Mosca per l'abilitazione allo Yak 75
Con lo Yak in Australia 79
Volo in montagna 99
1976, ritorno allo Yak... con calore 103
In cabina con Fiorenza 105
Prima donna alla guida di un DC-8 109
Com'è finita la mia carriera di pilota 111

Le attività

L'A.P.I., Associazione Pilote Italiane 112
Maria Concetta Micheli 119
Donne pilota in USA 121
International Society of Women Airline Pilots 125
L'Aeroporto dell'Urbe 132
Medaglia alla carriera 133
Il premio della simpatia 134
Una curiosità 135
Divagazioni 136
Curriculum vitae di Fiorenza de Bernardi 138

Finito di stampare
nel mese di aprile 2008

Attilio Marchetti
Alberto Santos Dumont. Pioniere del volo.
Dal 1898 al 1909, quando l'Europa mise le ali
148 p. - ISBN 88-87621-39-X - € 14,50

La biografia del pioniere del volo brasiliano che stupì la Francia e l'Europa con le sue prodezze. Costruttore di dirigibili e ogni apparecchio volante più leggeri dell'aria, vinse il Premio Deutsch Prize nel 1901 volando attorno alla torre Eiffel di Parigi. Spese tutta la sua vita sperimentando nuove invenzioni, nuove tecniche e nuovi modelli... persino un elicottero ed uno dei primi aeroplani, la Demoiselle.

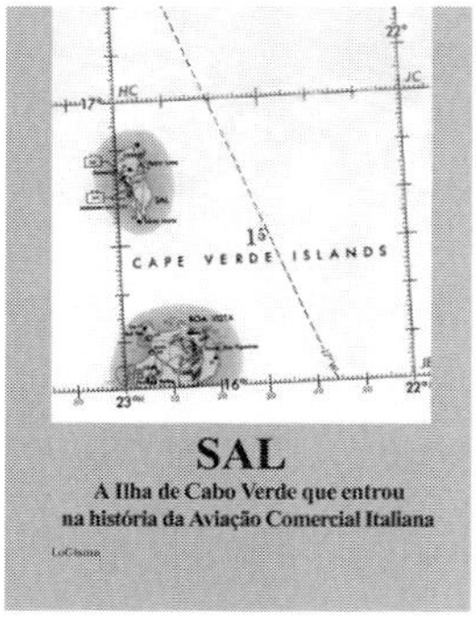

SAL, L'isola del Capo Verde entrata nella storia dell'Aviazione Commerciale Italiana
a cura di G. Lazzeri e A. Pellegrino
112 p. € 12,91

L'isola del Sale, quasi una leggenda per i piloti italiani. È stata la tappa obbligata per i voli transatlantici dall'Italia al Sud America dal 1939 al 1961. L'Italia vi costruì uno scalo aeroportuale pienamente efficiente nel 1939 in soli nove mesi. Nel dopoguerra l'Alitalia vi ha fatto scalo regolare fino all'avvento del jet.

Edizione italiana ISBN 88-87621-24-1
Edizione portoghese ISBN 88-87621-17-9

Le "Ragazze volanti"
Cinquant'anni di hostess Alitalia, 1950-2000
A cura di Cesare Falessi e Gherardo Lazzeri
112 p. € 18,08 ISBN 88-87621-31-4

Un omaggio ai 50 anni di servizio Hostess Alitalia. Un viaggio alla scoperta di una professione unica e molto ambita di cui conosciamo poco. Il libro ripercorre la storia dell'accoglienza a bordo e la vita delle hostess attraverso le divise disegnate per Alitalia da importanti stilisti che hanno portato nel mondo il Made in Italy, da Renato Balestra a Mila Shoen, da Lebole a Marzotto, dalle Sorelle Fontana a Giorgio Armani.

Consulta in internet la collana completa delle pubblicazioni di aeronautica promosse in collaborazione con

museo g. caproni
aeronautica, scienza e innovazione
Trento

LoGisma editore - via Zufolana, 4 - 50039 Vicchio Firenze
tel 055.8497054 - fax 055.8497663 - www.logisma.it - logisma@tin.it

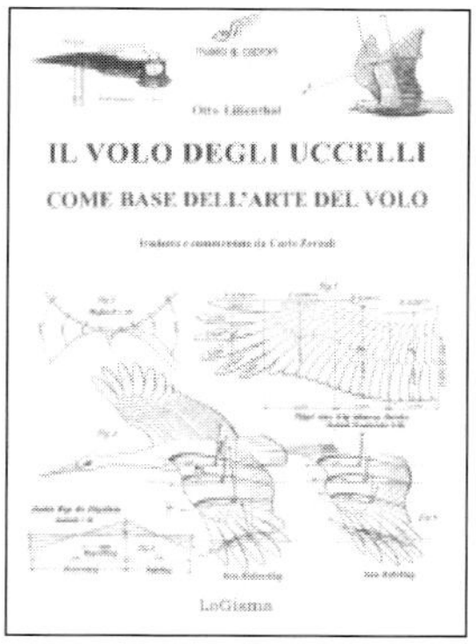

Otto Lilienthal
IL VOLO DEGLI UCCELLI,
COME BASE DELL'ARTE DEL VOLO
Tradotto e commentato dal Gen. Carlo Zorzoli
144 p. - ISBN 88-87621-63-2 - Euro 17,00
Con i disegni dell'edizione del 1889.

Lilienthal formulò il requisito fondamentale per il volo: il rapporto tra portanza e resistenza, dopo oltre 2000 voli e migliaia di osservazioni che permisero a Otto Lilienthal, ingegnere di Berlino, di compilare questo studio che si rilevò la svolta definitiva della teoria e della tecnica del volo. Compilato nel 1889, l'eccezionale studio è stato pubblicato per la prima volta in italiano.

Beppe Arcangeli
AVIATORI, AMICI MIEI
304 p. - ISBN 88-87621-53-5 - Euro 16,00

Arcangeli, pilota e istruttore VDS, ci racconta di alcuni suoi amici piloti . Una carrellata di piloti, civili e militari: Franco Ambrosi, Umberto Bernardini, Oddone Colonna, Fiorenza De Bernardi, Giovanni Dorigo, Urbano Floreani, Umberto Formisano, Martano Marcacci, Massimo Mondini, Luciano Nimis, Roberto Palazzi, Vincenzo Parma, Costantino Petrosellini, Massimo Poggi, Franco Romagnoli, e un omaggio alla 46a Brigata Aerea, per il suo cinquantesimo, e alla Signora Luciana Bortolotti Lauri.

Vittorio Sanseverino,
Le nuvole sotto... Autobiografia di un pilota collaudatore
128 p. - ISBN 88-87621-62-4 - € 12,50

Vittorio Sanseverino, classe 1917, ci racconta della sua esperienza di pilota militare, pilota collaudatore del Reparto Sperimentale di Volo dell'Aeronautica Militare e pilota collaudatore presso la Fiat Aviazione; e ci descrive i test di velivoli come G 80, G 82, F-104, F 86 K, G 222, G 91.

Consulta in internet la collana completa delle pubblicazioni di aeronautica promosse in collaborazione con

museo g. caproni
aeronautica, scienza e innovazione
Trento

LoGisma editore - via Zufolana, 4 - 50039 Vicchio Firenze
tel 055.8497054 - fax 055.8497663 - www.logisma.it - logisma@tin.it

LoGisma editore

AERONAUTICA

AVIAZIONE DELLA PRIMA GUERRA MONDIALE

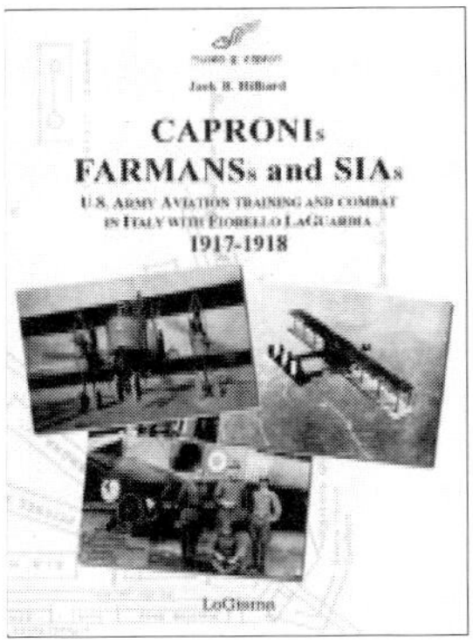

Jack B. Hilliard,
Capronis, Farmans and SIAs. U.S. Army Aviation training and combat in Italy with Fiorello LaGuardia 1917-1918
612 p. € 27,00 English text. (*testo in inglese*)
ISBN 88-87621-60-8

When the United States entered the First World War its military aviation was unprepared for the immediate requirements for pilots. This book is about one of the American cadets detachment that were sent over Europe for flight training and combat against Central Powers. The diaries and letters from Italy of these fresh graduates from the best nation's universities tell us about a mostly unknown part of that war history.

Edward Davis Lewis,
Dear Bert, An American pilot flying in World War I Italy
192 p. € 15,00 English text. (*testo in inglese*)
ISBN 88-87621-20-9

George Lewis was one of 400 American pilots trained at Foggia, Italy, in 1917-18, under Capt. Fiorello H. LaGuardia. In July 1918, he copiloted the first American flight across the Alps. During service and travels he encountered personalities including Gianni Caproni, Luigi Rizzo and Ernest Hemingway.

Silvio Ficini,
Luigi Falchi, Pioniere del bombardamento aereo
184 p. € 14,00 - ISBN 88-87621-61-6

Luigi Falchi, medico e pilota, allievo del 1° Corso Piloti di Centocelle è stato un protagonista della nascente Aeronautica Militare. Fautore dei primi voli e bombardamenti notturni a luce stellare e relatore di molti studi per il Comando Supremo; tra i fondatori della Fratellanza dei Pionieri dell'Aeronautica. Sono raccolte qui le pagine dei suoi diari sulla guerra di Libia e sulla Grande Guerra nei cieli d'Italia.

Consulta in internet la collana completa delle pubblicazioni di aeronautica promosse in collaborazione con

museo g. caproni
aeronautica, scienza e innovazione
Trento

LoGisma editore - via Zufolana, 4 - 50039 Vicchio Firenze
tel 055.8497054 - fax 055.8497663 - www.logisma.it - logisma@tin.it

HANG GLIDING IN 8 DAYS

Mike Owen

HANG GLIDING

IN 8 DAYS

OSPREY

Published in 1989 by Osprey Publishing Limited
59 Grosvenor Street
London W1X 9DA

Photos: John Kernick, Mike Owen and *Wings* magazine

British Library Cataloguing in Publication Data

Owen, Mike
Hang gliding in 8 days.
1. Recreations. Hang gliding. Manuals
I. Title
797.5'5

ISBN 085045 916 8

Filmset by Tameside Filmsetting Limited
Printed in Great Britain by BAS Printers Limited,
Over Wallop, Hampshire, Great Britain

CONTENTS

INTRODUCTION 7

DAY ONE 11

Strawheads and stylists • Fear and resignation • Signing on and shock therapy • Out to the hill and perspectives on height • Safety first • Euphoria in the air • In eight they say

DAY TWO 29

Principles of flight • High and low pressure • The rookies' tethered wings • Don't think, just fly • Once up then land • Emotion in the balance • Defiant first turns • Potatoes fly too, you know

DAY THREE 41

An incomparable sport • Early birdmen and developments • Mentors and guiding lights • Understanding the air • Picking the flying site • Fickle winds and first solo flight • Bouncing down the hill

DAY FOUR 57

The bug bites hard • Generations explained • The look before the leap and flight plans • Stalls and soaring explained • Ground friction and wind gradient • Expelling the tension

DAY FIVE 81
The survivors and fear of injury • A late start and co-ordinating pitch and roll • Rules of the road applied in the air • Video nasties and dare-devilry • Far flight and the bullocks you meet

DAY SIX 95
Independence and the island air • The thermals come through • Hands down to the bottom bar • Grace in flight then time for a fright • Correcting with calm • Dual control and launching by winch

DAY SEVEN 103
Sitting the theory paper • No bozos allowed • Flight at a hundred feet • Hurdles and handicaps • A world champion explains • Landing on feet and walking away with a licence

DAY EIGHT 115
Highs and lows • The next step to intermediate machines • Some soar, some sit at a desk • Buying secondhand • Murphy's law and bad winds • Flying prone and on your own

GLOSSARY 125

INTRODUCTION

Few sports trigger such fast reactions as hang gliding. When asked 'Why don't you have a go?' – the lips generally take less than a second to shape the reply: 'I'd love to, but . . .' or 'No way'. It's a sport that to many is just too terrifying to contemplate. But worldwide there are now more than 60,000 qualified hang glider pilots who rarely regret the second they spent saying 'You bet, let's give it a whirl.'

It's a sport that's relatively young, having only really got off the ground in the early seventies, and one that has had much bad press. But now hang gliding has come of age it's a safer pursuit than it was, though no less exciting, and with little flesh to feed on the newspapers stay mainly silent. Hang gliding has also now earned the respect its pioneers sought with its being billed for demonstration at the Barcelona Olympic Games. Quite an achievement for a sport not long ago thought of as one for only the bird-brained.

For those who have adopted the sport, there's no doubting there's fun in the definition of bird-brain for hang gliding is the closest the human species has come to emulating the flight of the much envied birds. To take up hang gliding is to enter a fascinating world of weightlessness – the world of free flight where the experienced pilot can stay airborne for hour after hour traversing vast cross-country distances. In Hawaii flight lasting more than 24 hours has been achieved, and in California one pilot achieved a distance of 230 miles setting a world record that both designers and pilots thought would soon be bettered. It's a sport that stretches the human horizon. But it hasn't always been that way.

Where in the early seventies with flying machines à la Heath Robinson, the hang glider pilot had three seconds to learn how to fly or crash, today tuition is a gradual process under the wing of instructors licensed by a responsible national body. In Britain the governing body is the British Hang Gliding Association (BHGA). In America the mentor is the United States Hang Gliding Association (USHGA). Where irresponsible attitudes could have led to tangled bureaucracy, these organisations look after their wards well with minimum fuss and through general codes of practice engender responsibility to preclude the difficulties the sport's early practitioners encountered.

Once deemed Hell's Angels of the air, hang glider pilots saw their endeavours questioned in government and their enjoyment curtailed as land owners forbade the use of their property for such outlandish practices. Today there is a mutual respect.

With only the occasional mention in the press, the assumption is often that the sport is dying. In fact, the sport is rapidly growing. In the UK alone in excess of 2000 student pilots sign on with the BHGA each year. They sign on as hang gliding is not a sport you just go and have a crack at. Without correct tuition it's as dangerous as its reputation would have it and the 'cracks' might be in your bones.

What comes as the biggest surprise is just how safe it is when you learn with a school. Like others I'd watched hang gliding. I wanted to have a go but the nagging doubts of wiping out always niggled away. But in the end those reservations proved ridiculous.

The first step towards hang gliding is to contact the national authority for its list of schools. All of these work to a similar pattern, though some offer advantages either through proximity or the number of flying sites available to match wind direction. I opted for the Isle of Wight Hang Gliding Centre with its wide variety of sites, coastal location, bed and breakfast facilities and, above all, I'd heard I might run into the former world champion John Pendry as he's often to be seen soaring the island's thermals when not busy globe-trotting in competition.

The island has a surprisingly large hang gliding community, the seasoned pilots exuding a health that shames mere mortals. But there are no great demands on fitness when learning, although lugging the glider back up the hill does call for a degree of puff. Despite this it is a sport that's open to anyone of average health and it's not too costly – secondhand gliders can be picked up relatively cheaply. With helmet, harness and accessories, the total cost is no more than for a cheap second-hand car, and certainly on a par with sports like windsurfing.

The schools provide all the necessary equipment when joining as a beginner and at this stage the student needs no special clothing other than a pair of toughish boots or shoes for the sometimes muddy hill-climbing and an assortment of clothing to suit the elements. But wardrobe selection can be a problem, it may be a wet, windy, cold day but it doesn't feel that way when sweating the glider back uphill.

The usual course does more than just give a taste of flying. In general, most schools book by the week as in ideal conditions this is how long the initiation into flying without the need of further schooling takes. Successful completion ends with the pilot flying off with a certificate of basic competence, the first step in a tiered pilot rating system. Ah, the dream. Free flight like the birds – but first you have to learn how to put your bird together.

DAY ONE

- ☐ Strawheads and stylists
- ☐ Fear and resignation
- ☐ Signing on and shock therapy
- ☐ Out to the hill and perspectives on height
- ☐ Safety first
- ☐ Euphoria in the air
- ☐ In eight they say

In the Superman movies Lois cannot fly. But that first day out on the hill Lois did fly. It wasn't only the macho men who took to the air. But then this was not the movies and Lois was not a film star. She was a music student and she was learning how to hang glide.

In the early days it was the beach bum in his VW camper, the muscle-bound, bleached straw-head, who forsook the surf in search of the ultimate high. Now, it's the neat estates and GTIs that head for the hills at the weekend as the sport's image changes. Now that technology has arrived, it's safer. You don't need to be tough. Female, male: it matters not. And there's no need to be superfit, you just need to want to fly.

But mention to friends you once thought adventurous that you fancy hang gliding and they still recoil, recalling horrifying newspaper reports. True, there is still the element of risk and the occasional accident, but today the papers are mainly silent; the pioneers having paid the price of finding free flight. Despite the bettered safety record, doubters there will always be. I, too, was one.

Living close to a range of hills south of London, my first sight of a hang glider had left mind, body and car teetering on the brink of a roadside ditch. Swooping across my bonnet came a strange apparition. A low flying giant kite hung with human cargo. Stamping on the brake, I swerved to the side as the pilot hopped the hedgerow and, above the steep hillside, found another invisible escalator to take him skyward again.

Louis may not have been a film star, but at the end of the week she was a pilot.

'Oh if only. . .', I thought but then it was back on the road to the desk and the inevitability of everyday life. 'No, it's mad, too dangerous. . .'

Years later, idle conversation turned up a surprise; a respected and seemingly responsible friend had been one of the pioneers in those heady days of the early seventies, those days when the sport and its science were hardly understood; when in search of the right design you built your own hang glider out of old junk, found a steep-sided hill and took your chances; when you had just three seconds to learn how to fly or crash. There was no soaring, there was just a contour-hugging plunge from a hill's top to bottom.

Was he crazy? 'Perhaps,' said this born-again irresponsible, 'but the only crazy ones now are those who won't give it a go. There's no sensation to beat it. Hang gliding is safer now and the scope much greater. Today's designs are so advanced you can glide for hours.'

Thinking that the world's 60,000 hang glider pilots couldn't all be wrong, a couple of impulsive telephone calls gave Mike McMillan of the Isle of Wight Hang Gliding Centre a new name to enter in his ledger.

The closest I had been to engineless flight before was in those nightmarish free fall dreams we experience in childhood and are told imply insecurity. Indeed, it was only the previous night that I had last sweated my way out of that selfsame dream. Ominous indeed.

The next day came and, with a week's tuition ahead, a little group of anxious students awaited collection at the ferry terminal. At Tapnell Farm House, the school's headquarters, a majestic, part-Jacobean farmstead, we were shown our bed and breakfast quarters and awaited the expected lecture. . . . 'We won't go into the theory yet,' smirked our tanned and shaggy-haired host, Mike McMillan, 'it's boring, let's just go fly.'

As a form of shock therapy it was effective.

Of the nine students assembled, a number of weatherbeaten suntans quickly sorted the newcomers from those who, blighted by the vagaries of English weather, were staying on for an extra chance at gaining their student pilot's certificate after having been either blown out or rained down for part of the previous week. Hang gliding, by its nature, is reliant on weather conditions, and especially so for learners. But the forecast looked good for us as we clambered into the back of the VW Transporter and headed for the training hill and our first confrontation with the fantasy of flight.

The talk on the way to the hill fluctuated between cheery and nervy. The hill sounded high, and there was much to be learnt.

As we approached, picking our way through a gruesomely odiferous, silage-sided farmyard, the hill seemed pathetically small – a small green boil rising out of flat farmland. But by the time we had been bounced from one side of the van to the other tracing the track to the top, perspectives had changed. Height found new meaning. We may only have been one hundred feet above the skirting fields but, with a glance at the still packed gliders, it seemed one hundred feet too high.

'Right, Paddy,' said Mike to his fellow instructor, 'Let's get them to rig up and get going.'

Stop this madness. Hadn't we been told teaching methods had changed? Hadn't we been told we'd be starting from the bottom, only graduating up the hill as skill allowed? God, the bottom looked a long way away.

'No, *you're* not going to fly them down,' laughed Mike. 'Paddy and I'll go off to check it out and then you can join us down there while the others get ready for more top-to-bottoms.'

Top-to-bottoms were what this course was all about. Hang gliding is in a sense like chess, it is something you never stop learning, but try a tricky manoeuvre straight off and you'll be wiped out by your opponent, although falling from the sky is a mite more painful than having your king checkmated. No, the exotic side of hang gliding, soaring high in the sky, finding and riding the thermals, comes later. The student pilot must first learn to fly safely from a hill's top to its bottom. And that, with a mastery of simple turning, is what leads to the first rung of the licensing ladder. Once on that first rung, soaring is perhaps just three or four days' flying time away. The world record in 1988 stands at nearly ten hours with a cross-country distance of some 230 miles.

But all this seemed a million miles away as we contemplated the assortment of tubes, sailcloth, battens and rigging wire spread out on the ground.

We had all seen assembled gliders at a distance, the triangular sailcloth wing stretched taut across its framework of aluminium tubing.

Unlike the contraptions of old, the modern hang glider is cunningly engineered. Once out of its bag, the kit is all jointed together in a hingeing design braced by rigging wire that self-tensions in assembly. In all it can take as little as five minutes – effectively a case of pull here, push there, slot this in there, and you are left

First get to know your bird. The modern hang glider is an ingenious, yet simple machine.

with a taut, precision-engineered flying machine ready for take-off, which leaves just one more thing. Despite design, if there is one thing that can make hang gliding that much safer, it is the pilot's own attitude to safety. Trust in nothing until it has been checked. That was lesson number one.

There are two routines here, one before the first flight and one before every flight. They each have a mnemonic to aid memory – SWANK and SHOW.

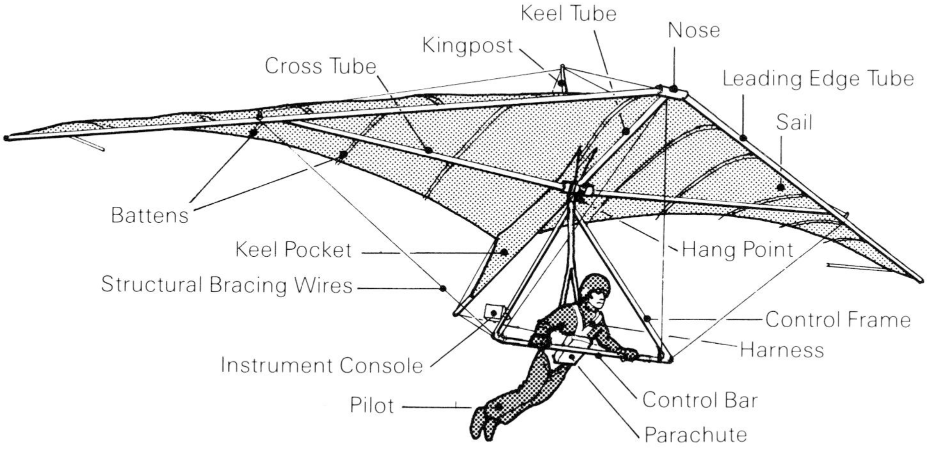

The nose should be pointed into wind for assembly and the nose held when the rig is raised. With hinged joints to the tubes, all braced by self-tensioning rigging wire, the wing takes just minutes to assemble.

SWANK being:
Sail – check for damage to cloth, attachment points and stitching.
Wires – check for twists, frays and corrosion to wires and terminals.
Airframe – check all tubes for damage and correct assembly: keel, leading edges, cross tubes, kingpost and control frame.
Nuts and bolts – check everything secure and locking pins are in correctly.
Kingpost – upright, no bends.

SHOW being:
Seat or harness – attached to glider, no frays or faulty stitching, no twists in strap or lines.
Helmets – well fitting, secure.
Obstructions – nothing in way of take-off or landing. Surrounding air free of other gliders.
Wind – final check on its strength and direction.

'So it's rigged and looks right, but is it?' quizzed Paddy, 'The whole structure must be inspected for faults or damage: the tubes for bends, fractures or incorrect fitting; the sail for faulty stitching or tears; the rigging wires for twists or frays; swages, structural joins, locking pins – everything, item by item. During assembly 'the nose should always point into wind, even when assembling flat on the ground, but once rigged and raised the nose should always be held. If not, one gust and over it goes'.

Lesson learnt. You can't launch single-handed and check your glider, even though in moderate winds it may be left safely with its demountable control bar – the A-Frame beneath the sailcloth wings – collapsed. Assistance is also needed for other pre-flight purposes – to ensure that pilot and glider do not part company in flight.

With the first two gliders rigged, Mike pulled a windsock out of the van which he was to plant at the end of his weather-testing flight into the middle of the field below to indicate wind direction. Not only should you take off straight into the wind, you should land into it. Helmets also appeared and what looked a cross between a lady's corset and a butcher's knee-length apron. This was the harness in which the pilot hangs supported. Strapped and clipped in, Mike went through his pre-flight checks. Judging the wind direction from a handful of grass thrown into the air,

Showing how it should be done, instructor Mike McMillan runs into a launch, legs still working as he lifts clear.

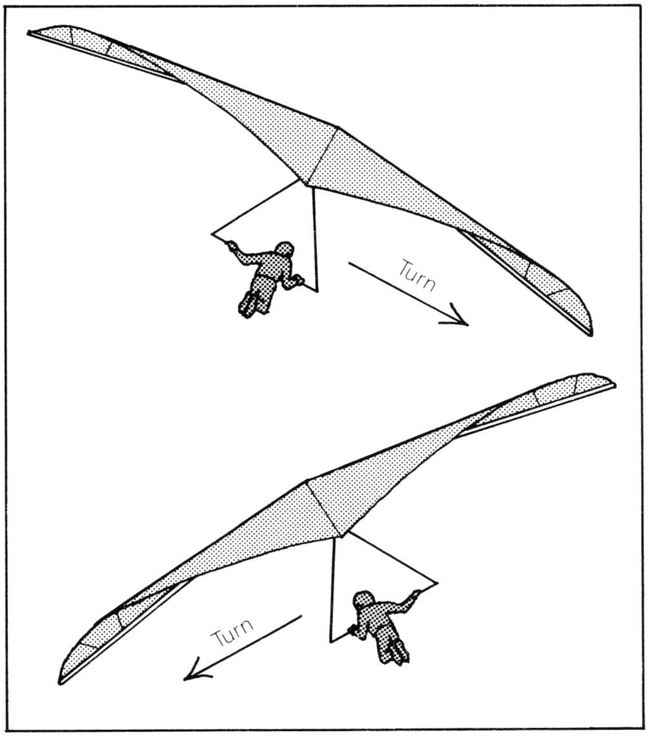

Turns are initiated by body weight. Move the control bar left and your weight moves right for a right turn. Move the bar right and you turn left.

he gave the instruction 'release' to the student holding the nose wires who then cleared out of the way. With a few running paces Mike launched into the air. After a couple of smooth turns, first 90° one way and then the other, Mike and glider landed some half-minute later half-way down the field. It all seemed so serene, so simple.

'Right,' said Paddy, his words lancing my reverie. It was clear his words were for me as he advanced harness in hand. But . . . but . . . we're still at the top, I thought.

'Before attempting flight you have to get used to handling the glider on the ground, how to control it, and practise the first steps towards take-off,' explained Paddy. 'This is easier with wind lifting the glider than without and as there's next to no wind at the bottom you'd better practise this at the top.'

Feeling calmer, I climbed into the proffered cat's cradle and completed a 'hang check'. Of vital importance, the hang check ensures that the pilot has hooked harness to glider with the karabiner clip and that there are no twists in the straps or cordage. This check, we were told, would become second nature as, if not clipped in, flight tends to end prematurely with

glider and pilot parting company on take-off. The routine is simple. Before take-off and with someone holding the glider's nose level you lie prone. If your belly is on the ground, it is clear you're not clipped in. You should be supported just clear of the control frame's bottom bar and the ground. The noseman then checks for twists in the harness.

With this completed, and crouched beneath the wingspan, it was time to simulate take-off. Paddy tied a short tether to the glider's nose. 'OK, first you want to stand with feet behind the control bar, head and shoulders poking through the top of the triangle. With hands open outward, grip the side bars, the uprights, at about half height. Lift with your hands and shoulders. The weight should then be held on your upper arms.'

What had looked so easy wasn't and this was just carrying the damn thing. The 35-foot wingspan was unwieldy, the 60 lb glider wobbled and the pseudo-pilot wobbled, too. It felt heavy, ungainly, uncomfortable and was impossible to steady. In the day's hot sun, which felt so blissful earlier, I quickly became more and more uncomfortable as helmet and harness filled with sweat. But by shifting the glider's weight eventually I found the balance. Then came finding the angle of attack.

'No, attack's not what you might like to do to your glider right now,' laughed Paddy, 'the angle of attack

Top left A karibiner hook clipped to the central hangpoint keeps pilot and glider together. Note the hook's safety-lock.

Bottom left With the lock secured a hang-check ensures hook and harness are as they should be.

Below With checks complete, the pilot shoulders the rig and finds the angle of attack. Note correct, delicate handhold.

is the correct, slight nose-up attitude that allows oncoming air to lift the glider into weightlessness. But lift the nose too far and the glider becomes its own brake. It's not easy at first to 'see' the right angle but when right you'll feel a lightness. Tip too far and the braking effect will feel heavy or, in strong winds, drag you back.'

I found the angle of attack at about 10° and Paddy indicated that if I felt confident I should go for it. That meant run. Like Quasimodo on an off-day, I ran. The sailcloth filled with air and lifted. Panic? Yes, but no need, my feet were still firmly on the ground, Paddy was still in front, and a pull on the tether dropped the nose to prevent take-off. A few more attempts getting the feel of 'filling' and 'feathering' the sail (nose up, nose down) and then it was the turn of my companions.

As Paddy ran through the checklist before flying off down the hill, my eyes wandered to the others who were already flying. Just four days and they, too, were

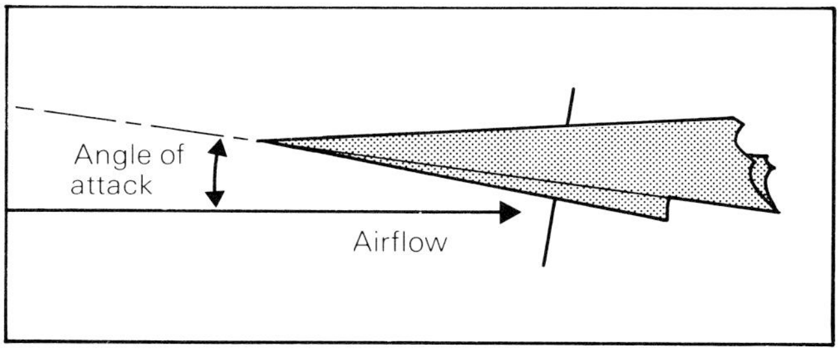

The angle of attack is the angle at which the airflow meets the glider to effect 'lift'. Raise the nose too high and a braking effect is induced, too low and there's no lift.

flying from the top. We felt envious until we spotted a helmeted, red-faced pilot looking like death incarnate, framed by control bar and backdrop of trailing wing, trudging back up the hill. This is the obvious disadvantage of top-to-bottoms. Once down you have to get back up and a hang glider hardly eases one's gait. From our own efforts on the flat, we guessed there must be a knack but it seemed this pilot, like us, had yet to find it. It was a good incentive to get through this stage and on to soaring when it's possible to land back at take-off point. From where I stood, just 20 feet up the incline, solo flying and 'out and backs' were a while away.

Easing us through the initial phase of fitness-shock, the patiently waiting Mike suggested the four of us novices worked with one glider in rota helping the pilot return to the hill. 'Don't worry, when it comes to it you'll have no problem getting back up that hill on your own,' Mike reassured us. 'As long as you don't overdo it at first you'll be surprised how quickly the body settles in. Provided you've no major ailments, you don't need to be all that fit. But you certainly go home feeling fitter. Hell, last month we had a 65-year-old doctor fly in from Sri Lanka. By hang glider'.

So from Lois the student to a near-septuagenarian, hang gliding is open to all sorts; ability and age being a matter more of mind than body. Our little group of learners showed its own diversity with Simon, a 19-year-old veterinary assistant; John, a school-leaver taking a break before Cambridge University; myself, a 30-year-old, cigarette-smoking hack, and Roger, a 39-year-old English teacher resident in Sweden. From spare health to spare tyres, not necessarily in that order.

With the angle of attack found, the tethered student pilot runs and the glider then lifts into weightlessness.

Alert and eager like his pet border collie, Simon was first to fly. With hang check complete and a tether tied to the glider's kingpost, Mike gave instructions while Paddy got the measure of the tether and made ready to run. More normally in stronger winds, the student's tethers are attached to the glider's nose and each wingtip, but in our light winds different restraint was needed.

Above Paul lifts into his first flight after eight running paces.

Below Instructor Paddy keeps up as Paul moves weight right to stabilise.

Above In equilibrium the angle of attack is maintained for flight.

Below The control bar is pushed out for a flare to slow and land.

'The glider won't take off without the right effort,' Mike said, 'you have to generate speed. Lift the glider pointing into wind, level the wings, steady, get the angle of attack, and when comfortable run. Look ahead, not down, ahead. Don't worry about height. You're not going to go far. The wind's light, so four paces. Then you'll feel the glider lift. Don't think about it. Just keep running. As it lifts, pull the control frame into you slightly – that'll stop it lifting too much too early. You don't need to be heavy handed, just an inch or two. Keep running, four more paces then push out a little, level out and go.'

Spurred into counting out Simon's pace, the chant went out: 'One, two, three, four, five . . .' trailing off at eight as, sure enough, Simon took to the air with feet a yard from the ground and Paddy keeping pace, encouraging, controlling the glider's angle with his rope. It was all over in five seconds with skidding feet cutting parallel, suede-like tracks through the tall grass until the pilot's belly acted as a brake on the ground. Flight had been found. Then it was back to start-point and away again. This time the pace count stopped short at six. The glider quickly nosedived.

So what went wrong?'

'I stopped running . . . not enough speed?' suggested Simon.

'Yep. You've got to get that air speed up. You need about 16 miles an hour to fly a hang glider like this. But remember, airspeed is different to ground speed. The wind strength's only about eight miles an hour now, but if you run into it at another eight the airspeed will reach the 16 you need. The glider will lift at lower speeds, but don't be fooled. Just because the glider's lifted it doesn't mean it'll take you with it. Now that's what happened to you, wasn't it? You felt it lift, so you stopped running. Get that speed up, eight paces.' Hang check again and another hop and an ecstatic Simon humped his hang glider back from something that could almost be called a flight.

Next came Roger from Sweden. It's sometimes said that the Swedes are like tomato ketchup. On the first shake nothing happens, then with the next it all comes gushing out. Roger proved the truth of this. Hop one was made in slight trepidation and silence, but on the second there was no stopping the torrent of superlatives. They set the tone for the week.

The theory we had expected in the morning was gradually instilled throughout the day. With each hop something else was taught and learnt.

'Don't look down,' said Mike, 'Look ahead. No it's not in case of vertigo, you're only three feet up.

Suspended, you're the fulcrum. Look down and you naturally pull the control frame in to yourself. The nose dips and you go down. Look ahead, and the control frame stays neutral and you'll follow the natural glide.

'Don't think. If you do you'll only screw it up. Let it happen and you'll fly. Relax, don't grip so hard, pretend the control bar is a bone china tea cup. White knuckles mean disaster.' And that's exactly what happened on almost every one of my flights. It's impossible not to think . . . and then the eyes look down, the grip tightens and down comes the glider. But equally suddenly it all goes right, brain in neutral, head up, wow, that cottage over there looks pretty . . . Suddenly the bridge between hop and flight is crossed, and it takes twice as long to walk back up the hill.

For Paddy the effort increases as the breeze drops and he has to keep pace with a glider going faster over the ground. It's easy to see why instructors prefer fresher conditions for the first stages of hang gliding.

Roger's face says it all as he shoulders the wing nose-down behind him and returns from flight.

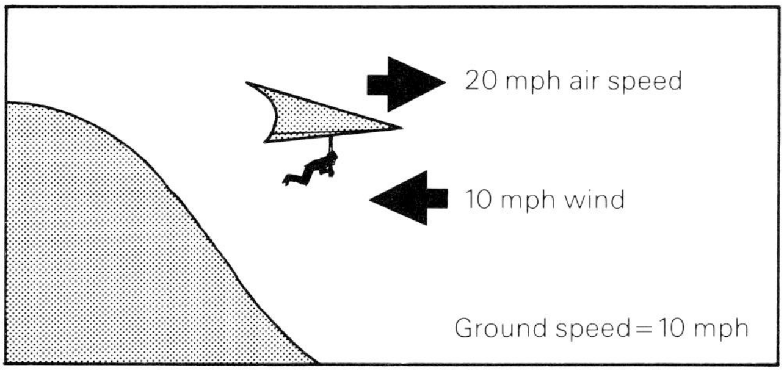

Airspeed is the speed the glider flies. In all but zero winds, this is different to ground speed. Flying into wind, speed over ground equals airspeed less speed of wind. If the pilot flies down wind, ground speed jumps to airspeed plus speed of wind. Here, from 10 to 30mph.

'Fifteen miles an hour of wind would suit me fine,' says Paddy, 'then I'd hardly have to run.'

Mike meanwhile coaches John, the next flier, using the previous flight for pointers.

As we start to relax a little, airtime doubles. Soon we are achieving 'flights' of ten seconds, which seem like ten minutes as new sensations flood over us. It's like three-dimensional motor cycling with the alienation of scuba-diving. Before we know it the next thing to consider is the landing.

'Paddy will tell you when,' says Mike, 'but with touch down imminent push the bar hard forward. The nose goes up, the glider stalls and you come down feet first. This is called 'flaring out' and if you flare sufficiently you'll stop almost immediately. But if you don't flare enough then the glider will keep flying and you'll end up running until you go arse over tit.'

He was right. We did, and discovered a good reason for wearing a crash hat. As you trip, the glider trips

In the final approach to land, the pilot flares the wing, pushing the control frame out at arm's length. Tipping the nose up, this stalls the wing and reduces speed.

Left and below Here the pilot begins flaring the wing as land nears. Then on touchdown he pushes the control bar out at full stretch to stop and after a couple of steps he comes to a standstill.

too, sending your head crashing into the rigid aluminium tube.

But if you're looking at the cottage ahead, and not down, how can you judge your speed, height and when it's time to come down? 'Remember, ground speed and air speed aren't the same thing. If you're flying into the wind your speed through the air is faster than across the ground, so it's no good looking at that anyway,' says Mike. 'Get used to the noise and feel of the wind. They are your judge and that's why your crash hats don't cover the ears. When you've just taken off you've got speed. When that drops the wind sensations lessen. When speed increases, the noise and feel increase. Pull the bar in, speed increases. Push the bar out, speed decreases. Push it too far and you'll stall. That's what you do to flare when landing and you'll notice the wind noise then drops completely. That's your alarm in flight. If the noise drops off, you're about to stall. Pull in a touch, speed picks up and you're back in control. Simple.

'For height, well, by the time you're making solo flights, you'll find looking ahead still gives a perspective, but you'll sense that more as you get to it.'

With a final backward glance at the tramlines our trailing feet had cut through the field we lugged the glider back up the hill for disassembly and drove back to a cool shower. As we newcomers relaxed, the half-skilled who had spent their day top-to-bottoming went off to another flying site for the final practical part of their course, a series of testing 200-foot-plus flights. A pint or two over a leisurely eaten, locally caught, salmon trout seemed rather more appropriate at this juncture in *our* course.

DAY TWO

- ☐ Principles of flight
- ☐ High and low pressure
- ☐ The rookies' tethered wings
- ☐ Don't think, just fly
- ☐ Once up then land
- ☐ Emotion in the balance
- ☐ Defiant first turns
- ☐ Potatoes fly too, you know

We seem a bit emptier today,' said Mike as we drove to the hill. 'No one leaves this van until we find out what happened to the hill-fliers yesterday!'

Despite the fog closing in towards the end of their flights they had all cleared the last hurdle and, having already sat the compulsory theoretical paper, most had headed home as certified student pilots. Lois and a couple of others were staying on for another day, though, and numbers were partly made up by other returnees previously delayed by bad weather.

Wind strength and direction, more than clear skies or cloud, are the main determinants in whether or not the novice flies. But in this sport where the basic skills can be picked up so quickly, the determinants are even more pernickety. Even for the experienced, gusty conditions make controlling the glider much more difficult. The smaller the gust band the better, even if that means flying in higher strength winds. What the beginner needs is not only constant winds but moderate breezes at first, while flying tethered, then light winds to ease control on the early solo flights, and then a stronger breeze again for testing flights towards the end of the course. Theoretically, most students can attain a basic level of ability in seven days' flying, but unpredictable weather often precludes this within a single week.

Some schools charge by the day no matter how many flights are made. In perfect conditions this is no

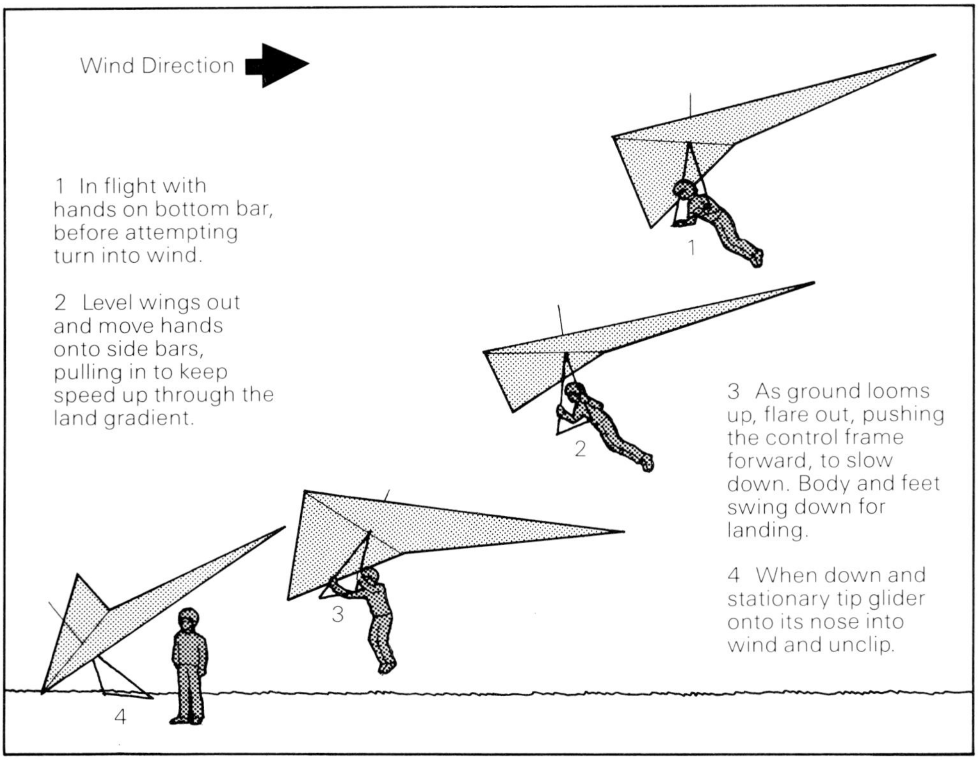

The sequence for landing is: point straight into wind, level the wing on the lateral plane (ie side to side) pull in on the control bar for sufficient approach speed, then push out and flare as land comes up. When stopped, point the nose down and unclip.

problem, but more schools are now offering a fixed price for however long it takes the student to complete the initial course.

With all these variables, I chose the Isle of Wight for its one-price certificate and its variety of sites, which effectively allow flying in almost any wind direction. Its coastal location has the additional advantage of an almost predictable sea breeze that pours in over the land from the sea and which can cheat a contrary, predominant wind experienced further inland. As the sun heats the static land more rapidly than the moving sea, the air mass over the land is at a lower pressure than that over the sea. This pressure difference then draws the air from the high pressure area into the low pressure area and the sea breeze is born. It builds during the day, the process then reversing as the sun sets. The land then cools faster than the sea, although around our shores the resulting land breeze is so light as to be barely noticeable.

All this talk about pressure might at first seem confusing, but it can help with predicting winds for flying and accounts for the very act of flying itself, and that was what we discussed after a healthy breakfast while we awaited the day's sea breeze.

Without high and low pressure there would be no flight, and basic aerofoil wing design is based on a simple principle: when an airflow meets an aerofoil's leading edge it divides in two, above and below the section. The top airflow, freer to move, travels faster and creates a lower pressure zone than does the slower moving air beneath the wing. This generates lift, hence flight. Simple, yes, until you try to understand it! A simple demonstration can be done with a piece of paper with its 'leading edge' folded down at a right angle. Hold it by that. It will flop and resemble the aerofoil. Blow along the paper's 'top'. Nothing happens. Blow harder. The trailing edge lifts despite you blowing from above, not from below. By moving the air faster across the top of the paper you create a lower pressure zone than that beneath the paper. The resulting higher pressure below then effects lift. Needless to say there's more to flight than that, but that's it at its most basic level.

As the BHGA points out in its *Student Handbook*, for any aircraft to fly, the wing must produce enough lift to carry the weight of the glider *and* its pilot. It can only do this when the air is moving past the wing quickly enough. In order to get that lift the wing has to be set at an angle to the airflow – the angle of attack.

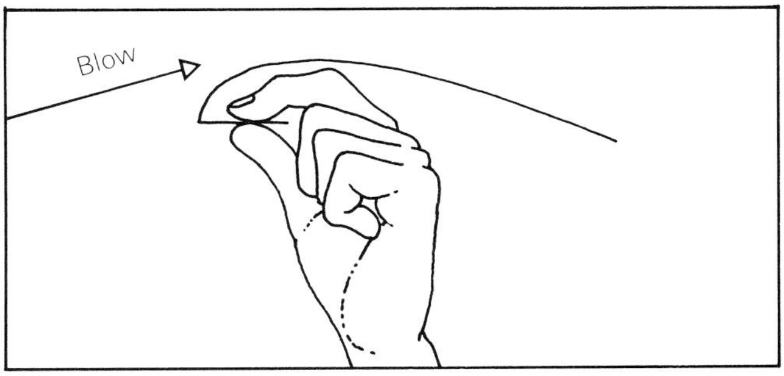

The principles of flight revolve around 'lift' induced by 'high' and 'low' air pressure around the wing's aerofoil section.

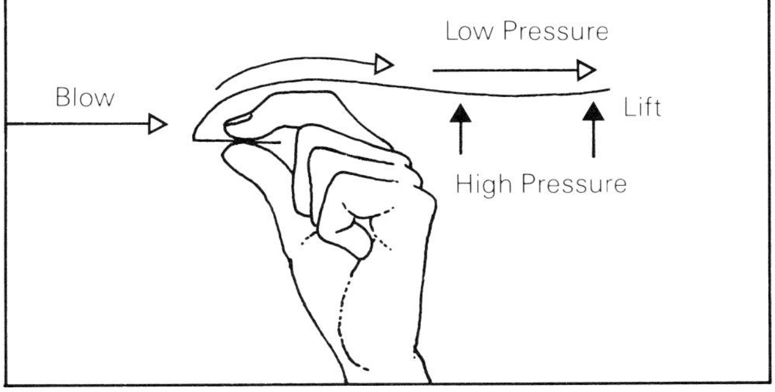

Fold a piece of card as shown adjacent. The tail end will at first flop. Blow hard along its top. The resultant lower air pressure on the top induces a lift from the higher pressure below.

The wing then produces the lift by deflecting the air flowing past it downwards. Hang gliders usually fly at an angle of about 10°. Increase speed by lowering the nose and the necessary lift can be had at a lower angle of attack. Conversely, raising the nose to decrease speed when flying fast can result in increased lift, but only to a point. Raise the nose too far, and as airspeed falls the lift-producing airflow over the wing becomes turbulent, breaks up, and eventually is no longer capable of creating the needed lift. The airspeed at which this happens is called the stalling speed.

Stalling leads to a certain loss of control and an increase in the rate of descent. As stalling occurs the glider becomes sluggish but, quickly pulling the control bar back to reduce the angle of attack, speed

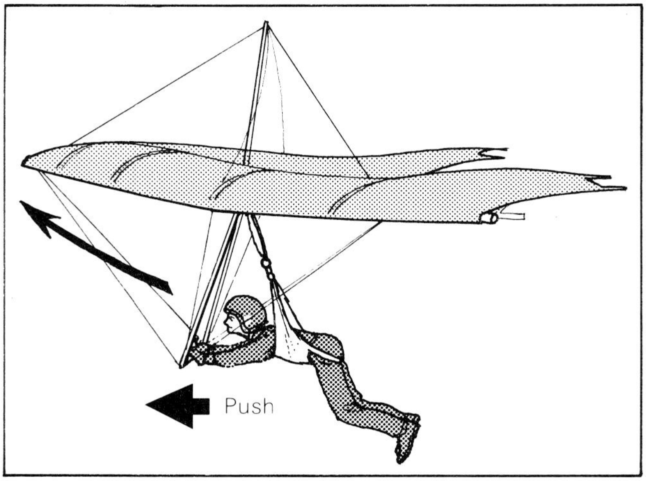

As the nose is raised, speed is lost and lift increased. But push the control frame too far forward and the airflow breaks up, causing a stall. Control then worsens.

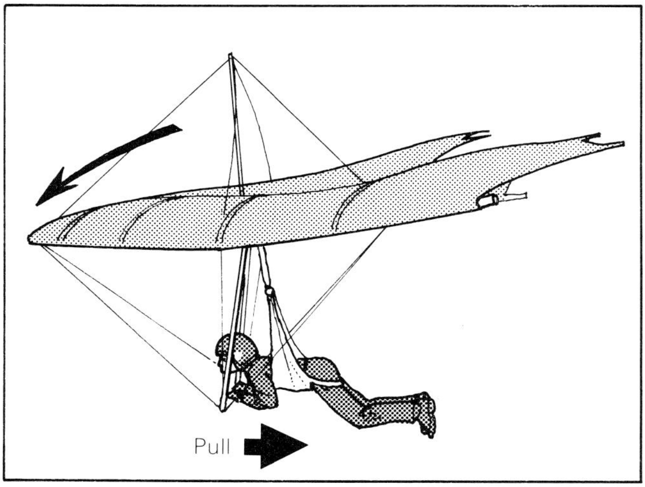

To correct, pull in and as speed increases control returns but lift is reduced. With speed on, level the wing.

will increase. With speed up again the bar can be eased for continued flight.

Together with lift and weight, there is a third component to the flight equation. This is drag. Using gravity, a hang glider gains its airspeed by flying down hill in a similar way to a bicycle freewheeling down a slope. The steeper the hill, the higher the speed, but also the higher the drag created by the wind as it buffets machine and rider. This acts as a brake. The bicycle rider, by lowering his profile, and hunching up to the handlebars, can lessen this slowing effect of drag. Similarly the pirouetting ballet dancer will spin faster if she tucks her arms into her body. To fly, all three of these components – weight, lift and drag – must balance and the relationship between lift and

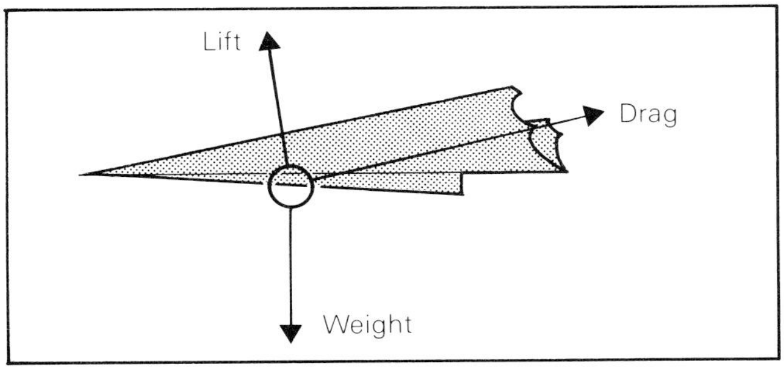

The three basic components of flight.

drag determines the angle of glide. For example, if total weight of glider and pilot is 200lb and the effective drag is 20lb, then the glide ratio would be ten to one, i.e. ten feet forward for every foot lost in height.

But again there is a complication. There are two types of drag on a hang glider: profile drag and induced drag. The first is caused by the obstruction of the glider, rig and pilot, and its slowing effect increases as speed increases. Induced drag is the drag created by the wing as it generates lift. This decreases as the speed increases. Combining the two forms of drag there is then an optimum speed for any given glider when total drag – profile plus induced – is minimised. This speed corresponds to the optimum glide angle and explains why, when flying faster, i.e., nose down, the angle of glide is steeper (max sink). Conversely, also why as speed drops, i.e., nose up, the rate of descent decreases (max glide).

All this was explained with the use of perhaps the world's toughest and most abused hang glider, a 12 in polystyrene model with a dummy pilot. Apart from

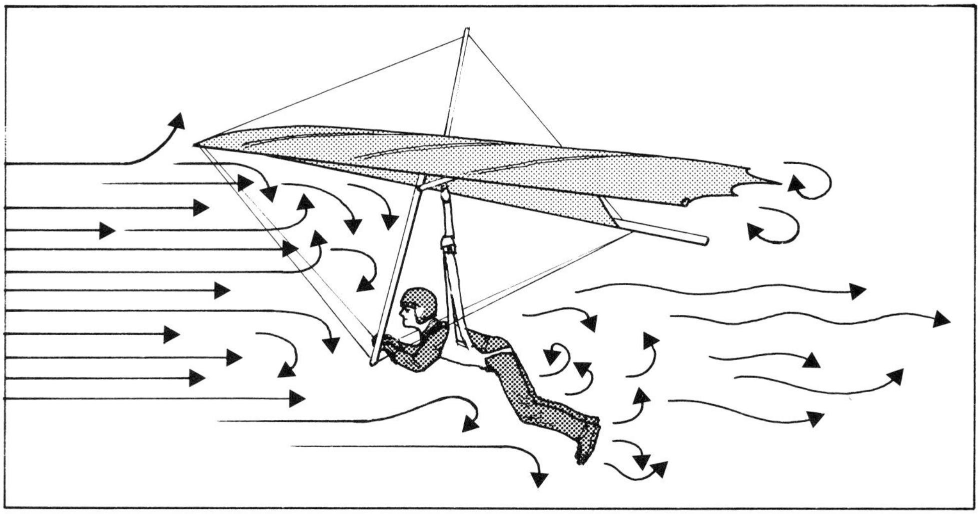

Anything moving through the air disturbs the airflow, which causes drag.

The total drag is made up of profile drag and induced drag. Profile drag is due to the obstruction of the aircraft, pilot, wires etc and it increases as speed is increased.

Induced drag is the drag induced by the wing generating lift. Most of it occurs at the wingtips where trailing vortices form. This induced drag lessens at higher speeds, but is quite large at low speeds. As a result there is a particular speed for any glider at which the total drag (profile drag + induced drag) is minimum and this speed corresponds to the best angle of glide (see glide ratio).

being a considerable saving on broken hang gliders, it actually worked. But whereas that glider and pilot acted as instructed, we found when back out on the hill again in harness what seemed so logical was hard to put into practice.

'Feels like I've never flown before,' says student John as he recovers from a forced gooney bird landing just feet away from take-off.

After the previous day's sun and dehydration we had all taken to the hill well prepared. Sun block, shades, and gallons of drink. Beautiful as the hill may be for sunbathing between bouts with the glider, what makes that hill ideal for flying, namely no obstructions, leaves the glider's wingspan the only shade on the hill.

While the more experienced pilots practised top-to-bottoms on their Polaris Delta hang gliders, we worked away at the bottom of the hill again with our less glamorous Stubbies. Less graceful than the Polaris, they are also less sensitive and thus a popular glider for teaching. Less twitchy and less prone to stall, correction is simple but with a lower glide ratio flight is more limited.

After two or three tethered flights each we all felt a little more confident and in a constant but light wind, with Paddy's coercing as he kept pace and Mike's prompting as he looked on, we stretched the 20 yard hop into what felt like a 50 yard leap. It was still only ten seconds or so airtime but the sense of displacement and euphoria was immense as we began to feel and hear the wind as we were meant to the day before but were too flustered to notice. Inevitably at this stage over confidence steps in, and so it was with us that day. A take-off goes wrong and you push instead of pull and then, too late, you pull, when really by now you should be pushing, and down you come.

'You can tell he was thinking,' says Mike. 'He crashed!'

John does better than I do. A faultless take-off. Four paces, pull, four more paces, push, and off he flies nose-high, stalls and comes down heavily.

But no one's hurt. We're still only four or five feet off the ground. By lunch we're just about getting our landings right, pushing the control bar forward and flaring out when the indefatigable Paddy gives the word. The first time goes right, the second goes wrong and depression replaces euphoria. The third flight goes well. An encouraging cheer goes up and we feel good. Time for lunch.

As we ate our picnic, the wind streaked the tall grass fields below, setting up an undulating herbal sea – a green version of the English Channel clearly visible a mile to the south, glistening in the day's bright light. We lay there soaking up the lazy sounds of a harvester and tractor as they ate their way through a neighbouring field below. Then back down the hill we went.

From our lowly position a glance back up to the top reveals a spectacular sight. First, the tip of a glider's nose appears, then more of its wings like some pterodactyl, the man beneath not caught in its claws but braced in the image of Samson, the pillars replaced by tubes of aluminium. With a determined grimace and legs working hard he picks up speed and, still kicking, launches into the air above our craning necks. His undercarriage, legs and feet, trail then cross at the ankles; the hands move down from the uprights to the bottom control bar. After 30 seconds and two gentle turns he heads back into wind, and with

Seen from below, a pilot pushes hard into the launching run. The trainer's wheels help soften bad landings.

wingspan levelled, the legs uncross, the hands go back to the uprights, the glider's wings are flared and the pilot drops onto his feet. No mad, out of control running or belly-flopping.

'Kevin's only been flying four days,' says Mike as I prepare myself. Hang check complete and glider steadied head into wind, ready for flight I run. Four paces, a slight pull on the bar, legs still running, more speed, more paces than the needed extra four, a push on the bar, lift, level out . . . Paddy yells: 'OK, relax, look ahead, push, pull back, hold it, weight left a bit, correct, head up, back on the bar a bit . . . '. Then after what seems like an eternity in which time the wind noise encompasses mind, body and soul there's a new sound: my feet in the grass. 'Right, flare,' says Paddy. Shoving my arms straight out, the wing flares and a pace or two later we're at a halt. 'Drop the nose,' says Paddy, 'well, what do you think of that?'

Flight, that's what. Everything felt right, so different, so, so . . . perfect. Turning round, the group is a hundred yards back, the furthest for me yet. I could only have been up for about 15 seconds, but it felt like 15 minutes.

As Simon runs down to help hump the glider back, Paddy goes through what went right and what went wrong. 'Take off was good, you got the bar right and with all that running your speed was up. Did you feel the wing tip to the right? When you moved your weight left it came back. Not quite enough, but you twisted a bit more just as you flared.'

I would have devoured his words more keenly had I not been so ecstatic. We were each having three goes in a row. That was my first and the first time I had done anything worthy, I felt, of being labelled flight. Then came the second. And with that a depression I thought would never be budged.

A bodged take-off. Balancing the glider, my angle of attack was too high, the nose-up glider braking any attempt at speed through running. But it felt like lift. Take off? No, I instantly stalled. Part recovery was made more by chance than anything else as like the donkey led by a carrot I was not going to let this one die. Still running, but now on the flat, I regained airspeed. Countless paces then I was up in the air, just. As tense as a highly strung violin, my grip was far from relaxed. The wing tipped to one side, and with hardly any height I failed to swing my weight across to correct lateral balance in time and buffetted the ground, glider and pilot at awkward angles. Paddy on the tether said something I either couldn't or wouldn't hear. 'Don't worry,' spurs Mike, 'if it was that easy, we wouldn't be the élite, everyone would be flying. You'll get it. Just relax.' The third flight is no better and depression really sets in.

But then John, flying next, makes errors, too. Of course, we're all going to make errors, I realise, comfortingly. Those up at the top of the hill after just four days must, surely, have made their mistakes too. Mood changes gear again and Mike talks us through the next attempt.

Hang check complete and a handful of grass thrown to establish the minutely shifting wind direction, John shoulders the glider and legs it away. The glider suddenly lifts but with a drop in airspeed he stalls and with body weight swinging to one side the wing tips to the right. John's discovered how to turn the glider, unfortunately he's going the wrong way. Paddy hollers: 'Pull in and weight left.' John complies and regains control. Speed increases. Moving the control bar right, his body as the pendulum to the left, the wings level out. Then flaring out he drops onto his feet. Through *losing* control, he has *learnt* control. 'Boy, that felt close, but it felt good, too!', laughs John as Roger runs down to help cart the glider back and hold the nose down into the wind. Paddy catches his breath. With the wind dying he's having to run further and faster as despite the same airspeed we cover more ground.

Mike says we're doing well but: 'You get it right when you relax. Then trying for a repeat you start thinking. That's when it goes wrong. Remember the rule, don't think. You've got to relax. Grip the bar hard and you automatically pull yourself into it. But as you're free-swinging that means you're pulling the bar in. Your weight is free, but stiffen and it isn't. All the bar needs is a touch. It can fly itself, you're just

With nose wires held, John lifts the wing to find the angle of attack. Hands are correct for initial lift but must be turned outwards for take off.

Ready to run, instructor and student wait while others leave the line of flight.

there for fine control.' And to prove it he goes up the hill and flies a spare glider down no-hands. A perfect, straight line glide that follows the natural glide ratio, his hands behind his back. 'When we get back to the farmhouse I'll show you a video of a glider being flown by a sack of potatoes,' says Mike, and we soon discover that he isn't joking. There on tape is a sack of potatoes suspended from the harness point in perfect, level flight.

'So just relax, whistle your favourite tune and if you do that you'll be flying, I guarantee you. Relax, keep looking up and you'll have a nice float down.'

'I've heard that before,' quips Roger.

'Ah, but you've never looked up before,' parries Mike.

Roger decides against whistling. Instead he sucks a mint and makes a perfect flight, weight left and right to correct a slight tipping of the wings and thus prevent the glider tripping on landing. The mint lasts all three flights and Roger expounds its merits. 'Can't be relaxed if it lasts that long', says Paddy. 'Mouth must be dry as hell'.

On the fourth flight, something goes wrong. Roger lands on his belly.

'You were looking at the grass,' says Mike.

'Well it was kind of close,' replies Roger.

Down at the bottom of our hill the wind had gradually been falling through the afternoon and eventually, with it incapable of giving the airspeed we needed for take-off, we retreated up the hill. We now had 12 flights to our credit that day and flight was coming a little more naturally. Back at the top the more experienced still practised with little trouble in take-off but with no wind and high groundspeed that final approach was nightmarishly fast. Extreme flaring was called for which some managed with panache and others with a belly-dragging crash – but a crash cushioned by the deep grass of the well chosen site. As the sun set and the wind dropped too far a halt was called to the day's flying.

Nil wind landings are generally reckoned to be the most difficult. The braking effect of the flare is minimised and, for the learner who sees the ground coming up fast, it's often too late by the time the control bar is pushed out to the extreme of reach. But far from being careless to teach in these conditions, it is a vital part of learning. For the beginner flying these ground-hugging heights, coming down too fast is unlikely to result in injury. In a crash, and crash is really too severe a term here, as long as the wings are

Landing is not as easy as it seems, the poor beginner coming to a belly-dragging halt more often than correctly on the feet.

level it is the glider's nose that first makes contact with the ground. The harnessed pilot then swings forward helmet-first into the keel tube which runs fore and aft from nose to trailing edge. In some ways it is the pilot who has only flown in strong winds who is at a disadvantage in nil winds. Excessive flare in strong wind landings can flip the glider over backwards and fear of this can psychologically prevent pushing out far enough in nil wind.

For certain of the returnees this was the first taste of nil wind and all agreed by the end of the day that the experience had been valuable. But technique is not all there is to safe flight and during lunch we had been given a taste of the theory we would all have to learn before sitting the written paper – that ally to the practice on which the success of each individual rested.

Earlier in the day, as we sat around the van chatting, our instructor kept an ear open to the radio weather forecast. Suddenly he looked up. 'What's that cloud over there? Wrong, cirrostratus. Height . . . three, five, ten, twenty, thirty thousand feet? Nope, twenty five thousand. They're blown off the top of the lower cumulus and can indicate a front coming in.'

Were we really expected to know detail like that? Rules of the road are one thing but. . . Someone sitting close by who had already sat the theory explained that although Mike actually sets a tougher paper than the BHGA's minimum standard, this sort of thing wasn't actually included.

'But by teaching from the top, the bottom seems more understandable', she said. 'He teaches in excess of requirements because he not only wants you to get through, he wants you to understand the sport and go on, and as you do the more important your reading the weather becomes.'

Again, it seemed what the birds learn so easily might take a little while to sink into my bird-brain.

But now with the day's flying done, and with minds more open to Mike's particular brand of badgering, we packed up and slumped into the van and wound our way back through the farmyard. The poisonous scent seemed less offensive now. Then, showered and with burnt noses soothed in medicated coolant, we headed for the pub.

Joined by the late arrivals after their feared written paper, the conversation swung between hang gliding and personal. The shy came out of their shells and it was a good excuse for getting to know our fellow bird-men. The talk was of the hill, the temptations, the greed for more airtime; pushing out for max glide and the result at our humble height, an inevitable stall.

'Mike's right, just do as he says or you won't learn', says Kevin, now at the end of his fifth day, 'Go for speed, pull in. We can't prolong flight, not yet. If it's meant to end, it's meant to end.'

On the way back to bed a strange, black cloud was enshrouding the top of St Katherine's Point, the southernmost tip of the island's diamond plan.

'Look at that, that's weird.'

'Must be orographic cloud,' Kevin calmly explains, 'that was in the exam.'

DAY THREE

- An incomparable sport
- Early birdmen and developments
- Mentors and guiding lights
- Understanding the air
- Picking the flying site
- Fickle winds and first solo flight
- Bouncing down the hill

As we tucked in to a glutton's breakfast, the previous evening's orographic cloud took shape as Mike explained: 'It's common on the coast and something you need to be aware of, especially if soaring.'

No imminent danger then!

'It's made up from damp air being drawn in and forced up over the top of a cliff or hill but it forms rapidly enough to catch people out,' he continued. 'It starts in ragged little tufts below the cloud base and a flier should get down as soon as any of these are noted because the landing site can soon disappear in dense cloud.' But with the sun streaming in to the timber-clad country kitchen, of clouds to contemplate there were none.

Meanwhile, Kevin wandered in announcing he felt like he'd been karate chopped in the neck. I turned a magazine page and felt a kick in the chest: 'The Effectiveness of Secondary Systems in the Context of Practical Flexwing Operation and Their Effect on Tertiary (Support) Systems'. Hang gliding? This sounded more like something from *The Lancet*.

The video seemed a safer bet and from across the room came the gentle Scottish tones of an early hang gliding freak: 'If you're a good hang glider pilot it gets into your blood after a while. You get the feeling that if you've not flown for a couple of weeks it's as though you're missing something. You've just got to get up in the air and fly.

'When the time comes you just get this beautiful relaxed feeling, you're back into your element.

'People often compare the feelings you get hang gliding to sex, but as far as I'm concerned it's completely different. You just can't compare it, it's impossible. Sex is too earthy, flying is just in the sky.'

Thus far in my course, muddy-kneed and aching, I could not entirely agree. After all I was still very much earth-bound.

The quest for flight is well documented and it seems strange that hang gliding as a sport came so late in the day. After all, had it not been for the mad antics of the early birdmen, surely not all that different to those of hang gliding, Concorde would not be flying today. Despite the apparent rapid advancement of flight, there had long been a frustrating obstacle for those who wanted more closely to emulate the birds – the problem of controlling flight at low speed.

The hang gliders flown today may owe much to those early antics but their origins are more directly allied to the efforts of Francis Rogallo and his wife Gertrude who in 1948 applied for a patent for what they called a flexible kite. Even then it was another 20 years or so before the kite became the hang glider.

The spiritual father of hang gliding, though, was Otto Lilienthal. Lilienthal died in 1896, but not before he had given life to a concept as old as the flexible wing suggested by Leonardo da Vinci, and also given inspiration to the Wright brothers on their way to powered flight. But Lilienthal's quest was for silent flight and he achieved that with a wing section not all

Even in the early seventies the experimenters were still at work. Tom Peghing's Eagle USA was one of many one-offs. (Photo. Bettina Gray)

that different to the Rogallo wing many years later. He died the world's first hang glider pilot, with in excess of 1000 flights to his name.

Some put the half-century pause between Lilienthal and Rogallo down to the war and the development of powered flight and fixed wing gliders. But whatever the reasons, Lilienthal's early fanaticism is now widely shared.

Rogallo's flexible kite was at first just that. Then, with a load attached to the point of balance where

Circa 1977, a bowsprit fitted Wasp Gryphon with partial double surface sail along the leading edge. (Photo. Wings)

No self-respecting secret agent should be without one! James Bond, né Roger Moore, here flies one of Bill Bennet's early tow-kite hang gliders in Live and Let Die.

originally there was just a string, it was realised the kite could become a glider. NASA looked at it and then used it as an aid for the re-entry of spacecraft. The armed forces considered it for towing beneath aircraft and then releasing for supply drops to the field.

There is still some debate over who came up with the first true, modern hang glider, but in the late sixties, and at about the same time, a couple of water-ski showmen, Bill Bennett from California and Bill Moyes from Australia, saw the potential of the Rogallo wing and thought that if it could carry a load then it could carry a man. The only thing it lacked was the means to steer it. Both added a control bar and became adversaries.

Towed up into the air behind a boat, the wing could then be released and steered more or less where wanted. The glide ratio, though, was poor. For every five feet it flew it lost one foot in height. This meant incredibly high wind speeds were needed to keep the wing up once released.

As the sixties merged into the seventies, a bunch of Californian surfies had hung up their boards and were also experimenting with low cost flight. Whereas the skiers' delta-shaped Rogallos were made up of machined fabric and scaffold-type poles, the wild Californians demonstrated a devil-may-care attitude with bamboo and polythene sheeting for what they called their Bamboo Butterflies. Their ultimate quest was never full flight. The beach boys were content with their sky-surfers just chasing the contours of the hill feet above the ground. As word spread, the movement took shape, attracting curious spectators.

Sixty-seven-year old Pete Scott was a founder member of one of the UK's first clubs, the Isle of Wight Hang Gliding Club. Still lean and eager he hang glides today. The history in one country, Britain, serves to illustrate the development of the sport. Pete takes up the story. 'I'd long been interested in low-cost flight that the ordinary chap could do and enjoy free of bureaucracy. Then in about 1973 I read an article by Tony Prentice who had successfully flown a scale model of Lilienthal's glider. I asked him down to the island and he arrived with a new type of aircraft – well, new to me. It was the Rogallo.

'He had built his out of aluminium scaffold poles and a cannibalised Japanese supply 'chute. It didn't have the luxury items like the king posts we have today – the vertical posts that tension and shape the

Age is no barrier. 67-year-old Pete Scott still regularly flies with the Isle of Wight Club.

rig. It was negative in all its angles and a real pig to fly. If we'd known as much then as we do today we would have scrapped it right there and then.'

In his comfortable lilt, Pete continued: 'It weighed about 65lb and it seemed to get heavier each time we took it up the hill.' Ah, so some things still haven't changed!

'But that was a start, and then, on the Isle of Wight, Russ Potter and Les Pakes, along with Des Norman of the then Britten-Norman Aircraft Company at Bembridge, showed serious interest. We formed a club in Des's hangar in January 1973, and at night when the workshops were closed we built our hang gliders with the luxury of power drills and milling machines. Though the Southern Club down at Brighton was probably the first club, we were, I guess, the élite at that time.'

Meanwhile three other enthusiasts down in Bristol, Len Gabriels, Geoff Macbroom and John James had set up their own production line building the Wasp hang gliders. As the sport took off worldwide, in the UK two associations were formed, the British Kite Soaring Association and the British Hang Gliding Association, and clubs sprung up all over the country.

'It mushroomed,' continued Pete, 'At one time there were about seven or eight thousand people hang gliding over here, either in or out of clubs. The trouble was that a lot of people were building their own machines without much knowledge. They lacked accuracy and structural integrity so the casualty rate was very high.

'With all these accidents it was inevitable that the Civil Aviation Authority (CAA) would be drawn in and they appointed the British Hang Gliding Association (BHGA) as the official governing body. From then on things became more organised. More manufacturers came into being and most people stopped their home-building and started buying professionally produced gliders. It became safer and performance and pilot capability went up as a result.'

Even with CAA recognition the sport had its detractors, but before this approval tussles with officialdom were even more common. 'We had a very bad name. They called us flying Hell's Angels and tried to get us banned. The biggest laugh, rather a cynical laugh on my part, came when the conservationists said that we were jeopardising the breeding habits of the Pastel Blue butterfly. And at the same time as this the Island's bus company said that there was such a snarl up of traffic with drivers and passengers stopping to watch us that we endangered their livelihood. The National Trust, who own the hill, banned us for three months but we then proved in fact we were enhancing people's enjoyment and adding to the richness of their lives. Before we arrived they never took time out to walk the hills and appreciate the marvellous view!'

But was there any truth in the Hell's Angels of the Air claims?

'In the main we were very serious. We had professional aircraft designers and pilots, doctors, solicitors – people from all walks of life. Many were certainly eccentric but few irresponsible, though there were those who took greater risks than others as they experimented with something new and untried. But that was the only way to do it in those days – suck it and see. There were no test rigs, no computers working on hang glider design like there are today. Then you could go to the moon with all the information held in computers, but that couldn't get a collapsible, car-toppable machine to fly at 16 miles an hour.'

While the Bamboo Butterflies sky-surfed their way into near oblivion, the more carefully fashioned Rogallo proved its greater soaring potential, although at the time it could hardly hop a fence at a hill's bottom. Hopes were high but the dangers of that primitive rig were many; the greatest fear being that if you pulled the bar in too far and the wind went over the top too vigorously it tucked the machine, the nose went down, forcing the glider into an uncontrolled outward loop and the pilot then fell into the upside-down glider. And that's the way you came down. It was all bad news and the papers lapped it up.

The problems stemmed from honest misunderstanding – too narrow an angle between the veed leading edge; a baggy, loose-cut, billowing sail more like two wind-blown tubes than a wing – these were the causes of the inversion that led to that disastrous tuck. Today's gliders with their flatter sailcut, better aerofoil sections and tensioned rigs incorporate a built-in correction in the shape of controlled sail twist presenting the wind with a working surface even when things have gone wrong. But more of that later.

Everything was late that day. Although glorious, it held no promise of flight. A predominant north-westerly, too strong for our purposes, threatened the usually reliable sea breeze. It was back to the flip-pad and polystyrene glider pilot. The day's lesson was on site evaluation.

'Before you go jumping off any hill,' Mike started, 'you need to have a good idea of likely conditions – a basic knowledge of what the air's doing, not only atmospherically but over the hill as differently shaped hills have different effects on the wind.'

Up on the flip-pad came three profiles; our training hill with field below turning up into a steeply sloping hill with a flat and deep top; a sheer cliff and another steep hill but one with a projecting lip to its crest.

'Which of these would you launch from with the wind head on?,' asked Mike.

'Well the first looks familiar, so I guess that's safe,' said Roger.

'Right. Basically the wind follows round a smooth hill to leave smooth air. Next . . .' Mike urged.

'The cliff, surely' said I, knowing full well that

The best hill for flying has a sloping front with deep unbroken top. This combination gives undistorted airflow.

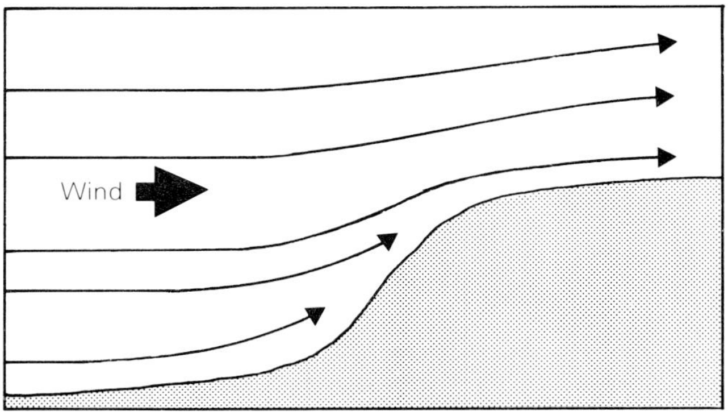

soaring was all about jumping off cliffs.

'Wrong,' said Mike, 'Sure you can fly above cliffs. You get beautiful air up there. But what the wind is doing down on the cliff top is a different matter. The

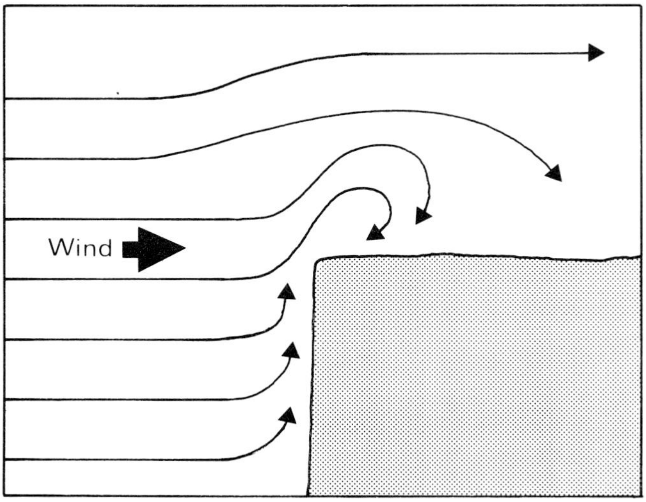

The much talked of cliff may give much lift but is useless for take off with the wind rushing up its front and turning in on itself at the top.

air hits the cliff, shoots up and then, once over the top, turns in on itself. You know how when it's windy and you're walking a cliff top and the wind's blowing straight in off the sea you actually feel it coming from behind, blowing your hair forward and even trying to blow you off. It's not a nice feeling and exactly the same happens to a hang glider. If you rig up with nose pointing out to sea, which is the way you want to get out into the wind, the top-wind lifts the glider from behind and then flops it down again. The glider ends up leaping up and down like a frog. You can rig it if you turn it around nose away from the cliff, but then what are you going to do?'

'Run like crazy,' suggested Simon.

'OK, but what's going to happen? The nose goes up once it's over the edge, the tail comes down and pushed from behind the glider flips upside down. I've seen people try and launch from a sheer cliff, but they've all ended up on their backs on the cliff top with a broken arm or worse.'

So much for assumptions. Paddy untangled our confused thoughts: 'Although you can't launch straight off a sharp cliff, all you've got to do is work your way along until you find an area where the edge has been broken away. There the wind will flow through cleanly and it need only be as wide as the hang glider's wings. Alternatively you can build a

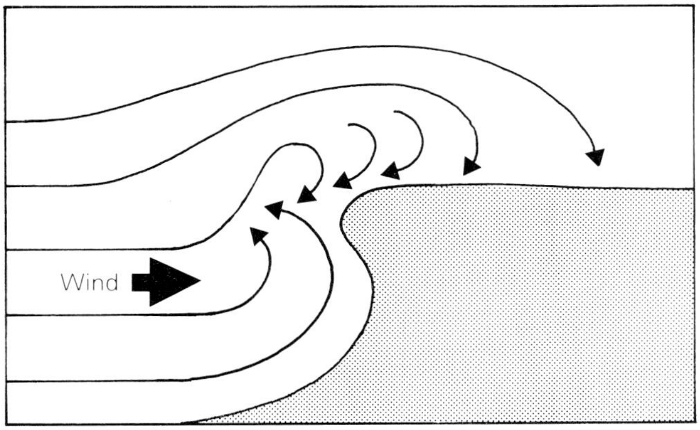

A protruding lip distorts the airflow and again makes take off dangerous if not impossible as the wind whips round from behind.

ramp or platform and take off from that. It only needs to project about ten feet or so, and with helpers holding the glider until ready you'd be all right.' It sounded a little advanced for us but the theory made perfect sense.

The hill with the protruding lip was then also vetoed because of the rotary action the projection promotes as the wind comes up and then tucks around beneath the lip. This turbulent action makes steadying the glider extremely difficult. Impossible? 'I've seen people try,' laughed Mike again.

A hog's back hill with narrow top and steep sides is also rejected for fear of the wind turning back on itself as it crosses the crest. This not only makes take-off potentially dangerous, but for any pilot contemplating an out-and-back – landing at the same place as take-off – there is the grave danger of being blown into the back of the hill when making an approach from behind. We had discovered a new and invisible world – that of turbulence.

Any hill suffers turbulent winds but, as we'd seen, some more so than others. 'To check your hill,' said Paddy, 'just stand near the edge for a while. You'll feel the turbulence in the shape of gusts coming up the hill and hitting you. The stronger the gusts, the less likely you should fly. Remember, the smaller the gust band the better, even if it means flying in stronger winds.

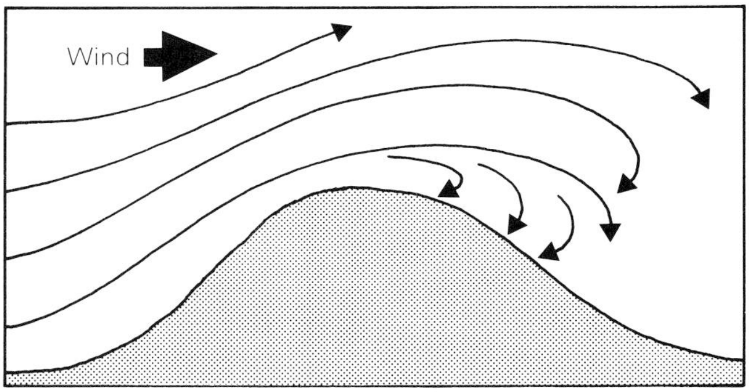

If the hilltop is too narrow the wind can turn in along the back edge making landing difficult as the wind may come from behind.

For control of the glider, for example, it's better to fly in winds gusting between 15 and 20 miles an hour then it is in winds gusting 5 to 15. If unsure, what should you do?'

'Pack up and go home,' said Roger, sensibly.

'As a last resort, yes,' replies Paddy, 'But what else could you do before that?'

Remembering that we should only be flying where others more experienced are in attendance, I cleverly suggested: 'Ask another pilot.'

'Right'. Paddy continued.

'Rocks at the hill's foot can also cause problems as they set up an uncomfortable rotary action. If there are any obstructions down below they'll also mess up the wind. Houses, trees, hedges, they all set up turbulence. While you're up at the top take all this

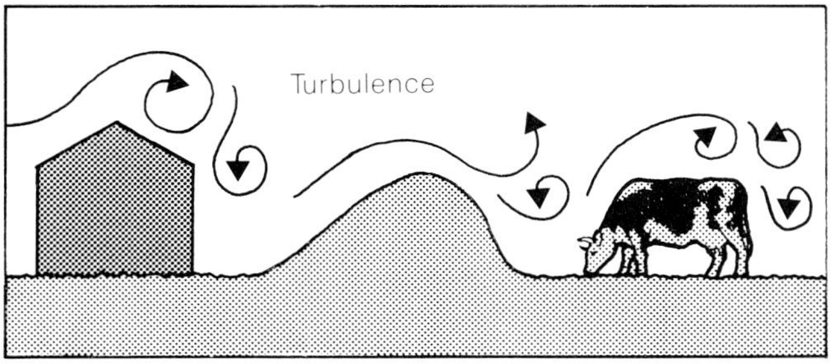

Any obstruction to the wind can cause turbulence. Buildings, trees, hedges and even livestock.

into consideration, and if you can't feel the gusts, look down below for clues – like the grass. If the wind was smooth, the grass would be held motionless, if a wave pattern's running through the grass then it's gusty, turbulent. As for thermals, well, until more experienced you ought to avoid thermic days. A site can be perfect for soaring in thermals but it can be horrible coming down, even for more experienced pilots.'

Thermals are simply bands of warm air travelling upwards. They can be generated by any area heating the air more rapidly than another – a road, a ploughed field, a village, even barn roofs.

The most active days are those with the classic clear blue sky and hot, bright sun. A thermal might feel like warm gusts coming up the hill. As a more visible clue, small fluffy cumulus clouds form at the top of thermals. But even if the thermals are too strong, it can be worth waiting – bigger clouds moving in or the sun going down can soon put an end to thermic activity.

If flying from club sites, as is recommended, information will be on hand as to a suitable landing site. 'And you should plan for that,' said Paddy, 'Choose your own and if it's a field of crop a farmer will soon come running demanding a tenner for the damage.' But if no one is on hand, or your flight plan goes wrong despite sensible pre-flight planning, there are certain important considerations. Firstly, the landing site should be clear of obstructions – houses, trees, rocks, ponds and suchlike. A slight slope is fine, but if the gradient is too steep then there is the possibility of overshooting. But if rate of descent is too low, a couple of S-turns could save the day – remembering the glide ratio (height lost for distance travelled) traversing the land gives more time to descend instead of rushing headlong over the hedgerow.

'Right, what's your flight plan going to be,' said Mike to Bill, a Midlands-based biochemist, as we finally made it up to the hill around midday. Better versed in this than us tether pilots, Bill suggested a left and then right to complete his 'S' before heading back into wind and landing. Why left and then right? Well, with the wind slightly off the hill he had the security of first turning away from that and into the wind for marginally increased lift. Turning the other way, downwind, he would have lost valuable lift and headed back into the hill. Off he went flying to plan but landing a little clumsily. Not bad, as after just five previous days' flying this was his first attempt for weeks. Just like riding a bicycle.

'I wish people would stop making that analogy,' said Simon, the young veterinary assistant. 'You don't know how long it took me to learn how to stay up on two wheels!'

With the wind at slightly more than 15 miles an hour it was stronger than we'd experienced before, so this time the tether came down from the kingpost to the nose and was supplemented with one to each wingtip. For this two students as well as the instructor had to keep pace with the pilot. Although lower down the hill and covering less ground, airtime increased and there was the greatest sense of flight yet.

'There's no way I'm going to crash,' said Simon after the first of his four flights, 'I'd wipe out an instructor, two students, the lot. No way!'

Mistakes were still made but now they were made, and partially corrected, more naturally. Previously there had been nothing natural in our efforts. Now body movement came less consciously. The data banks were filling. But then came disappointment. The wind picked up again and it was back to base. Two perfect days then this. We thought the gods of weather had been with us. When the wind fell away again at seven in the evening we shot back up to the hill. The wind was now blowing between 12 and 15 miles an hour, so it was back to just a nose tether.

Simon goes first. Looks all right. Comes into land, but goes up again. Hop, skip and a jump and eventually he's down.

'It's easier, definitely easier. It must be sinking in,' he says with a satisfied grin.

John goes and he, too, now looks more natural. Where before he twisted his body when swinging across to correct any lateral roll, his legs now hung straight and were far more effective. His previous twist had cancelled effort. The wind becomes flukey, constantly shifting direction, one minute head on, the next from the left and then from the right. After much grass picking and throwing to check direction, Roger flunks out twice. Feeling pretty miserable he takes off for a third time and clears nearly 200 yards.

'Now I know what instructors are for,' he screams in his new found freedom. 'Keep running, keep running.'

The gusts get tricky and try to trip the wing first left, then right. We've still very little height off the ground, but there is no doubting we are getting good practice at roll control. First body one way then the other. Left to bring the left side down. Right for the right.

But maybe we're still not relaxing enough. Mike to John: 'Remember what a sack of potatoes looks like . . .'

While this had been going on, the better of the returnees were attempting a few top-to-bottoms. The gusts were still too strong for the others. Despite this we had been able to fly from the bottom. We weren't special cases; we were simply being helped by one of nature's phenomena, and one that exists everywhere all the time – wind gradient. No matter what strength, wind always experiences friction as it travels over the ground, and obstacles like hedges and trees slow the

A natural phenomenon present everywhere, wind gradient is a slowing of windspeed close to the ground caused by the effects of friction between airflow and land.

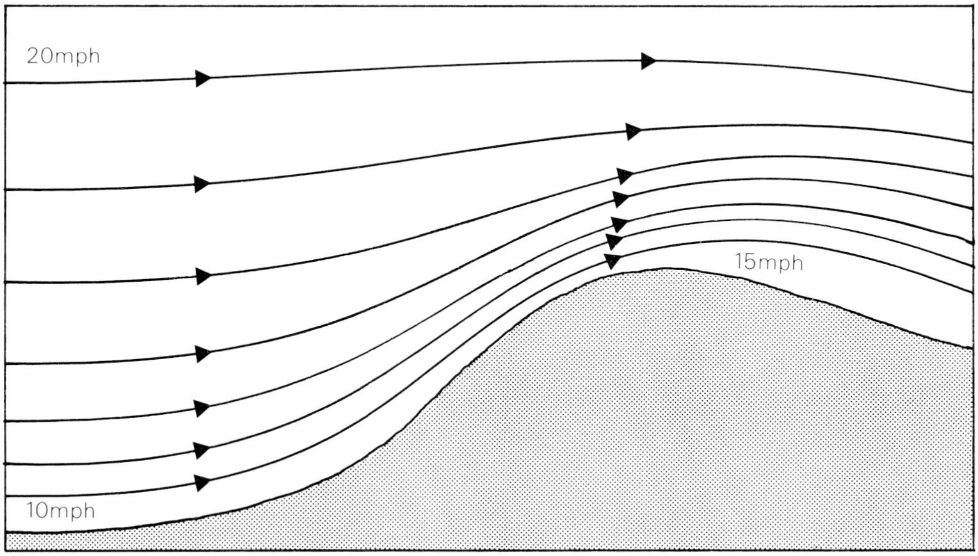

process further. This invariably means less wind at a hill's base than at its top where the wind accelerates as it is squeezed by the Venturi effect.

In strong winds this gradient can help the landing process but in the extreme, as we seemed to be constantly experiencing, it can add to difficulty. Nil wind speed demands full power from the airbrakes – a full flare with arms stretched to their limit.

With the wind direction now shifted we headed round to the other side of the hill. The wind, as it shifted, had dropped a little and there down in the dip was a limp and lifeless, newly planted windsock. Nil wind and a test of flaring ability. This was also to be our first time solo – flying free of tethers.

Grouped half-way up the hill stood the sentinel four. It was what we'd been waiting for, but were we ready? The little hill looked bigger now and half-way up those little knees started knocking again. Right, hang check . . .

'Flight plan should be half-way down then a slight turn to the left to get away from the hill, then right, straighten up and down,' said Mike. 'There's no wind down there so you'll have to flare hard when you're just four feet or so up. Push the bar out, arm's length, your feet'll swing down, you'll drop and if you've done it right you'll land on your feet and stop. OK . . ?' Mike took the nose wires, watched me steady and on my instruction released and moved clear. 'Remember, four paces, tweak the bar in, four more paces or more, just keep running, and when you lift push the bar out just a touch for a little more lift, then in and fly. As you turn, pull in a bit for a little more speed to keep the dipped wing flying.'

I steadied, ran, tweaked in, ran, pushed out, pulled in, forgot all about turning and had the most extraordinary rush of adrenalin and euphoria ever experienced as I found myself flying 20 feet clear of the ground. It didn't last long. With the rushing of body through grass I failed the flare test; the nose dug in and I stopped. At least the glider stopped. My mouth didn't.

'Good was it?' asked Mike through a smile. Good? What was it that the Scott on the video had said about verbal tripe? He was right. It was second to none.

'But what about your flight plan?' came the next question. I had completely forgotten.

Flight number two went slightly better to plan, but the landing still found me lying full length in the grass.

'With absolutely no air in the valley,' said Mike, 'it's difficult. Keep the bar slightly in and then flare steadily with speed. That should stop all those nose landings and tripping in the grass.'

Back in the air again, the setting sun was casting a halo around a grey-white cottage framed in fields of darkening green . . . the glistening, silver English Channel beyond . . . the wind on skin, whistling past the ears. The sense of freedom was just immense. If that first day had been like motorcycling in three dimensions, I'd just discovered a fourth and fifth.

Our man of superlatives, Roger, was next. Tantalised, Simon and John waited their turns to go solo as we all helped the exuberant pilot back up the hill.

We made our errors, but took solace in the mistakes of the more experienced. The best of these was the sight of Bouncing Bill, as he came to be known.

'Release,' he had said. And release was his intention. Perhaps the wind was lighter than he thought, but whatever the reason his running stopped short though he evidently thought his lift sufficient. It wasn't. And, to compound matters he pushed the bar out as he tried to quicken the pace. The glider stalled badly, dropped and Bill slid down the hill, gathering a gorse bush or two en route to the bottom some 150 feet away.

'Ouch' said Mike painfully, sucking the air in between his teeth with the wry but concerned smile that only a tutor could give.

Bill picked himself up and not quite laughing

None too elegantly, the author tries to correct a turn moving bodyweight across. But with body twisted from centreline, the effect is lessened.

stomped back up the hill. Our concern quickly switched to amazement.

'Ready for another go,' said Mike.

'To be honest, I'm not sure.' said Bill, wiping bits of cow-pat from his now green-brown trousers. Another two flights later we de-rigged the gliders and left the darkening hill. The mood was exuberant. At last we had discovered flight.

DAY FOUR

- ☐ The bug bites hard
- ☐ Generations explained
- ☐ The look before the leap and flight plans
- ☐ Stalls and soaring explained
- ☐ Ground friction and wind gradient
- ☐ Expelling the tension

The bug that had bitten us before, now devoured us. Each day had been an eye-opener, but the sensation of those first solo flights was totally new. We were caught in that first stage of addiction – infatuation. It seemed absurd but an isolation from the outside world set in. That routine of consuming the morning papers along with breakfast seemed so far away. The mind was racing; the fantasy was attainable. There existed now a bond that made friendship, so unlikely before, inevitable in the naïve way of a children's adventure story. Despite our humble perch on the bottom rung of a ladder whose top penetrated the upper skies, our absorption was total.

From the very first evening sleep had been no problem – then through exhaustion and now through delirious exhilaration. But the head didn't stop when it hit the pillow. It travelled through the feather and down into the realms of soft focus flight where daytime stumbling turned into soaring dreams.

'OK, who's been dreaming?' said someone.

'Christ, have I ever,' said Kevin, 'I was talking to the world champion, John Pendry, all last night and it was he who recognised me!'

Pendry is a rare bird. In an economic climate where commercial backer's look more to mainstream sports, he is one of those who flies fully sponsored.

International competition has changed much over the years with the advances in design and capability, but events now revolve around speed over distance; out and returns, triangular courses, and enclosed courses up to 200 km. The gliders are the very latest but, as the peak of sophistication draws near, development has slowed. Whereas in the early years annual gains of 10 to 15 per cent on previous performance were made, the rate has now slowed to between two and three per cent. Fine tuning, perhaps, but tuning that has opened the way to flights in excess of 200 miles and airspeeds of 28 mph or more than 60 mph in a dive. Better control has been a vital part of the development.

The evolution of hang gliders has been split into generations and since 1980 the top prestige machines have all been too tricky for the novice to fly. Third and fourth generation machines are still made, but whereas in less than 20 years we have advanced through four generations, the first spanned all those first 70 pioneering years between Lilienthal and the arrival of the controllable Rogallo wing.

I asked Mike McMillan how he would define the generations to date: 'The first was generally very makeshift with wings centred on a fixed subframe

Suitable for advanced cross-country and competition flying, a fifth generation Laser with double surface extending well to the trailing edge.

The third generation, HiWay Stubby, our training wing, with full length battens being inserted. Stiffeners, these promote the aerofoil shape.

from which the pilot hung by his armpits. Control was essentially zero, but weight shift of sorts, for limited roll control, could be affected by swinging your feet around.'

As roll control was limited, so too was flight: 'You simply dived off a sand dune and when you arrived at the bottom you just let go and dropped onto your feet, or so you hoped, the hang glider then going on to self-destruct somewhere along the beach. You'd then spend the next hour trying to put it back together, climb up the hill and have another go.

'The arrival of the harness and the triangular control frame was really the start of hang gliding proper. Even the first of these hang gliders had no battens and a very long keel, but a definite delta shape with a lot of washout and a lot of billow. Then the second generation saw the introduction of full length battens stretching the sail from leading edge to trailing edge. This gave better shape. It also allowed a higher aspect sail plan (wider span but shallower depth) thus improving the glide ratio.'

But control was still restricted and the accident rate high as pilots pushed their craft beyond design capability. As the wing is put through a turn it dips, and the billow – the 'inflated' section of the sail – needs to shift with the centre of balance.

'Design didn't really allow for this but then the

third generation came with the introduction of the keel pocket which did. Although the keel was already sleeve-fitted along the sail, it was a tight sleeve allowing little natural billow shift. The keel pocket was a much looser sleeve allowing the sail to adopt and adapt natural billow as it floated freer of the keel. With the old system you relied on a very flexible keel to allow the billow shift. The keel pulled across when you shifted your weight to one side to make the turn and it was the resulting bend in the keel that allowed the billow to move across. But with the keel pocket the shift was more natural and better for balance'.

'It also allowed a stiffer, stronger keel tube. No bad thing when looking for longevity and durability.

'The third generation also saw the end of the deflexers (the wires and struts on the front of the wing that were needed to support the leading edge). The third generation Super Scorpion was a shining example of this with a beautiful, clear wing. Again the changes allowed a slightly higher aspect ratio and right the way through we were getting flatter sails.

'Another prime improvement was the fitting of tip struts (perpendicular tubes back from the leading edge at each tip) to prevent the cloth inverting and the wing losing its washout in a stall.

Below Once in their pockets, the battens are secured with bungies.

Top right The deep, keel pocket (shaded in picture) allows billow shift to best effect.

Bottom right The billow is the arc seen at the trailing edge.

polaris

'Then the fourth generation came along with the introduction of a double surface. All the early wings had only one surface – that was along the top of the rig. The new gliders of that time, like the Polaris Delta, now had a twin surface – a much better aerofoil section – the bottom coming back for about 25 per cent of the wing's depth. The wing was also given aerofoil-shaped, pre-formed battens.'

'At this stage a regulatory 'airworthiness' certificate was brought in by the BHGA to better a glider's inherent recovery characteristics. Already certain aspects of self-recovery had been incorporated such as the already mentioned washout. Washout was a twist built into the wing. This increased the angle of

Above and far left The fourth generation Polaris Delta with partial twin surface (shaded area).

Below The tip strut at the wingtips promotes 'washout' to improve control when stalled or making a turn.

incidence (reduced the angle of attack) at the tips compared with the main bulk of the wing to keep it flying when dipped in a turn. But the airworthiness criteria saw a number of other introductions, the main safety device being lines – lengths of cord running from the top of the kingpost to the trailing edge, shaping and lifting it to again prevent inversion.

'The fifth generation came in with the Comet, which was a major breakthrough with more than 50 per cent double surface with battens in the bottom as well as top surface. Increasing the predictability of the aerofoil shape, this again promoted stability. Also, to promote better billow shift, through mechanical assistance of sorts, it had a floating cross tube, completely separate to the keel and enclosed in the double surface. With a 'hinge' bridging the keel tube this actually floats from one side to the other allowing the sail a naturally more variable billow shape for better control in high-speed turns. This also led to a much higher aspect ratio rig and again flatter sail for improved performance and glide ratio. Then for the top flyers hi-tech Mylar sail cloth was incorporated into the leading edge for stiffness and even better defined profile. . .'

The family tree explained, the floating cross tube left me perplexed. But Mike summed it up neatly: 'Technically, nobody really knows what's happening, but it does seem to work. We're talking about a 25 per cent improvement in glide angle.'

So where once the pilot was lucky if he had a glide angle of 4:1, the new breed of gliders are flying at even 14:1.

But the latest gliders are sensitive creatures and thus wholly useless for beginners' purposes. Most training gliders are third or fourth generation. We had the benefit of the school's new stock of recently purchased, third generation, Hiway Stubby gliders. We were also Mike's first students to use the new gliders, his previous freshers having been taught on the slightly twitchier fourth generation Polaris Deltas. It was on these that the returnees were training but, with the Stubby's more stable characteristics, Mike made the switch to get his students flying solo faster, building confidence earlier and making the cross-over to an intermediate fourth generation glider for soaring flights a simple matter. Alongside the sleeker, new generation machines, the Stubby may seem a mite neolithic, but we had much to thank it for. It forgave our errors instead of dumping us.

At first the bird-like grace of the polished pilot eludes the student totally. But debutantes only ever

Above right Harnessing up, ready for the first flight of the day.

Below right What goes down must come up.

learn poise through practice, and the embarrassed apprentice windsurfer hardly dares don the trendy and garishly coloured wetsuit for fear of appearing the fool. But our hill was different to both ballroom and beach. The only onlookers were fellow students sharing the same awkwardness, all grateful for the features that made out training wing stable – the simplicity of design and the air-filled wheels on the control bar that took the bump out of unskilled landings. We consoled ourselves with the thought that even Tour de France cyclists start their careers with stabilisers. Regardless of this we had at last found flight although we were all too aware of our glaring weaknesses.

'Most of you did quite well yesterday,' said Mike as we sat down to the morning's hour of theory, 'but landing was a bit difficult with that long grass. We also had a classic demonstration of running off and pushing the bar out while trying to take off. What happened?'

'Well. I don't really want to show you the scars,' laughed Bouncing Bill, all too painfully remembering that pushing too early simply leads to a stall.

The day's theory assumed that we had ironed out these troubles with take-off and concentrated instead on flight planning. Although the experienced might attempt a landing regardless of wind direction, they will always try to land directly into wind, wings level and with sufficient airspeed to prevent stalling through the wind gradient.

These are the three requirements for a safe landing, but there is an obvious fourth. 'What is it?' asks Mike abruptly.

'Put your feet out?' offers Roger.

'That's one thing you definitely don't do,' replies Mike. 'Do that and you'll just land on your nose. Don't worry about your undercarriage because as you stall out in the flare, your body and feet naturally swing up to standing. What you must do, however, is make sure your landing site is clear of obstructions.' Obvious indeed.

The four criteria duly digested, we went on to flight planning with the aid of our uncomplaining toy pilot. With a bench seat as a hill ridge, and odd items pressed into service as obstructions such as farmhouses, trees and the like we simulated a flying site.

'We usually kill four or five first time round,' joked Mike before he set to with a barrage of questions as to how we would handle hypothetical problems.

'Basically it's to make you guys think what you'll do in the air before you take off. So many people get

Opposite Ridge soaring in October, while beneath a cluster of gliders await their turn.

trapped in tight situations where they haven't thought through all the possibilities before they take off. On a hang glider you have to think of all the things that can go wrong and work out a contingency plan so as not to be caught out.'

Toy glider in hand, and assuming this was a graduated student pilot, we were led one by one through flight plans aborted by changing conditions – thermals, turbulance and other factors jeopardising a safe landing.

Though our ridge might have been fine for experienced pilots to soar in the lifting air at the front edge, for us it was top-to-bottoms, at first.

'Right, take-off point?' asked Paddy of Simon, handing him the mini-glider. 'Into wind. But from the middle? Well there's turbulence there from an obstruction on the hill, so go to the end of the ridge to avoid it. How do you know if you've avoided it? You'll feel smooth air on your face. Right, you're up, but you've turned back in to the turbulence. What was that? You've pulled in for more speed to get through quickly. Well, you've lost a lot of height that way and you've got to get back into wind to land. You're too low to make another turn. You're scuppered.'

Simon's problem was wind gradient. Swinging into his hypothetical left turn, the dipped left wingtip dropped into the wind gradient reducing airspeed on that portion of the wing. Even if that hadn't induced a stall, with sluggish control it would have drastically slowed the manoeuvre so precluding completion of the turn into wind and the levelling of the wing for landing. Crunch! What he should have done was just push on through the turbulence as height and distance to landing were insufficient for his attempt at pulling in for speed.

The next test came in nil wind but with a few puffy clouds, the cumulus that tops a thermal, hovering in the air.

'Remember, you've only just left the school,' said Paddy.

'OK, so you've taken off. Here you start going up. It's rough and you're going up fast. You're twice the height of the hill. Right, you know the thermal has its limits. What was that? You've pulled in to speed up and fly out of it. You're out. Now you're dropping really fast. Airspeed's increasing, you're trying for the landing field are you? OK, but suddenly you're lifting again.'

'I don't like this,' said Simon.

'Exactly,' Paddy replied, 'was it a wise idea to take off? But anyway, you're up, what are you going to do,

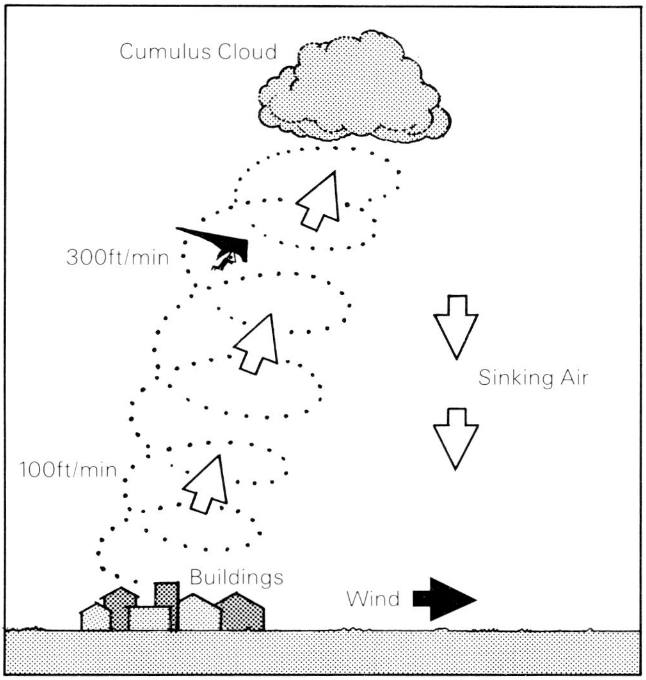

Thermals, columns of rising warm air, form above any warming element, be it a town or even a ploughed field. Fluffy cumulus clouds indicate their presence.

it looks like you're going to overshoot?'

'Turn into wind.'

'What wind? Remember, there was none to start with. No, you're in trouble. If you see those fluffy clouds, and even if there is some wind, you should check with another, more experienced pilot to see it it's too thermally. There's no point in frightening yourself.'

With the aid of our hypothetical hill we next took a look at ridge soaring – the student pilot's stepping stone to the Soaring Endorsement and cross-country flying, hopping from one thermal to another. This is the first practical experience of maintaining flight in

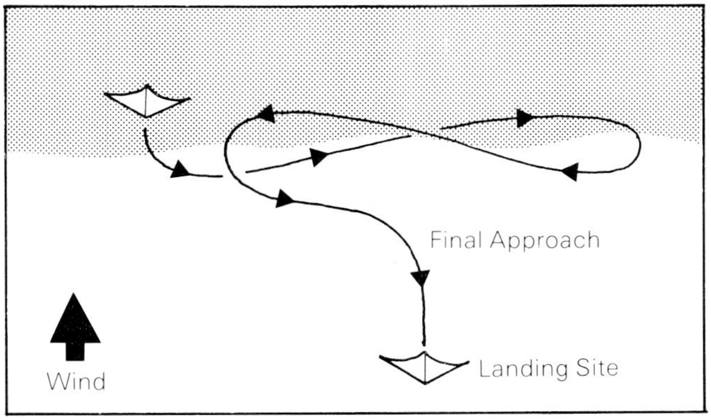

When ridge soaring, loose figures-of-eight are flown in the band of 'lift' along a ridge's front edge. The novice should land at the hill's bottom.

an area of lift where the air rises faster than the glider's natural rate of descent. In training we were flying straight through any lift encountered.

'When you're ready for your first soaring flight, don't simply say "I'm going to soar". Only go if conditions are right. So presuming the club site observer or a more experienced pilot has said it should be all right, let's have a go.'

Ridge soaring is just as it sounds, flight along the ridge's front edge in the narrow band of lift induced by the wind rushing up the hillside and being squeezed vertically into the air – the Venturi effect. This is not the place for 360° turns. They come later when flying the thermals. We ran through procedure.

'Turn down wind and with the higher groundspeed you soon zoom through the band and fly into sinking air,' said Paddy. 'Fly straight out from the hill and again you fly into sinking air. So once airborne turn to

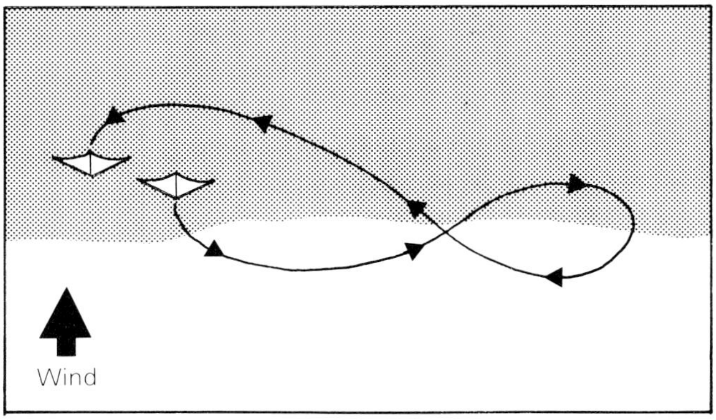

After learning soaring technique, the competent pilot can land back at take-off point. See below opposite.

one side and fly along the ridge just forward of the edge. Then put in a turn through the wind before you fly into "sink" where the lift drops away at the end, and beat back along the ridge. Your turns won't be quite through 180° as you'll be crabbing slightly in flight. Always turn outwards into the wind and avoid being blown back into the sink and turbulence behind the hilltop.

'Beating back and forth your height-gain may tempt you to stay up for as long as you can, but don't overdo it. It can be tiring and landing is a little more complicated than before. Up to this point you've always avoided lift, flying straight through it. Now you have to consider how and where you're going to come down. You've got to lose height and you may be half a mile from home. This is where planning really comes into it.

'The simplest way out is to turn slightly forward

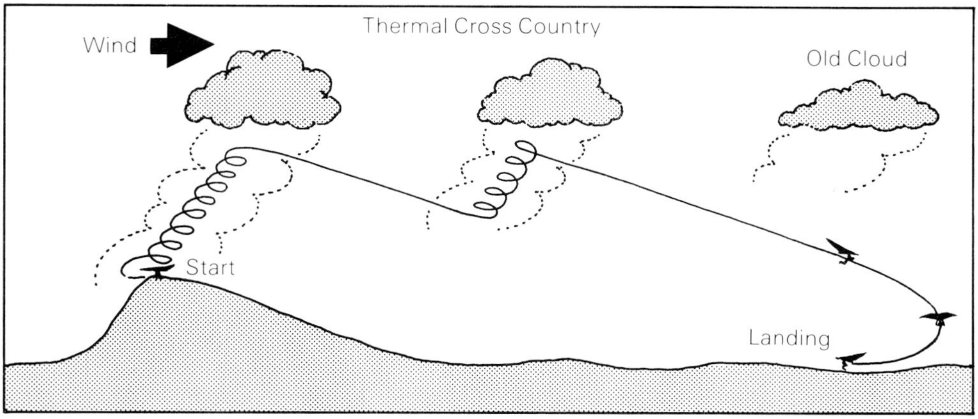

The advanced cross-country pilot flies from one thermal to another regaining lost height each time.

and make your last beat back along the front of the ridge, out of lift and descending, towards your point of take-off. When level with that, turn into wind and glide down to the bottom. If you are trying this, but haven't lost enough height, put in another beat, still in sink, then maybe an S-turn or two. This takes you back through familiar territory, but a top-landing is the eventual aim. At least then you don't have to lug the glider back up the hill.

'For this, with turns made out of lift to lose height, your last beat should set you just beyond the back edge of the lift. Go too far and you'll experience nasty, rotary turbulence, but just on the edge the air will be

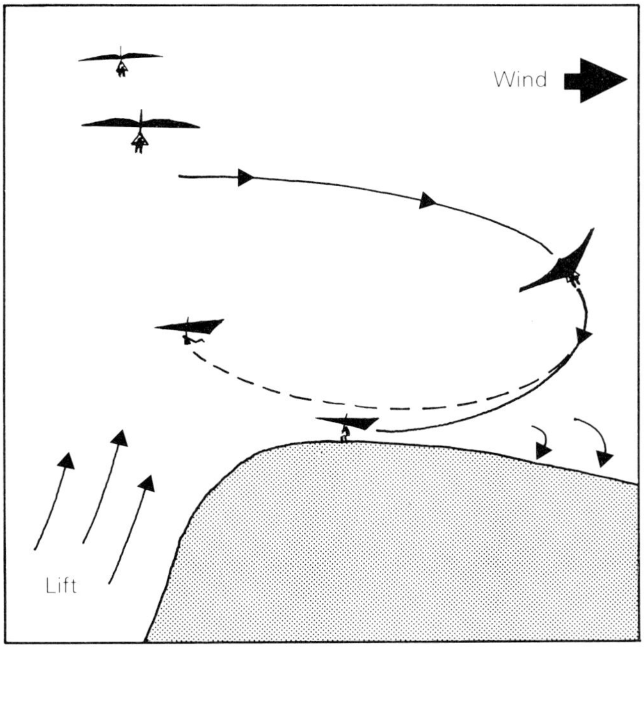

For a top-landing, approach from behind the band of lift. If lift is re-encountered, fly out from the hill and try again.

fairly clean and you'll drop. This should be planned to set you just behind your landing point on the hilltop. Then, in position, turn into the wind and land. If too far forward you might shoot up again in the lift, but then you just repeat the process. At first it is better to risk this than approach from too far back – the disturbed air there makes control and escape more awkward.

'Remember, once out of lift, and if still worried about excess height, you can use your turns to speed descent. This applies at all times, not just to soaring. When you turn you need more speed to prevent the dipped wing tip stalling, but as you pull in you also increase the angle of descent. So down you come. The more turns you make, the faster you come down. So if you look like overshooting put in more turns, but if landing still looks risky lengthen the beat between turns and look for another spot to put down.'

And so the lesson continued, but with reminders as well as forecasts of what was to come. Like the importance of assessing wind direction during flight, bearing in mind that it may change between take off and landing and there won't always be a windsock to guide the pilot in. And in assessing direction it should be remembered that the wind felt on the face is constant with airspeed, unchanging with attitude to wind. The most obvious clues are the way grass, leaves and smoke are blown; but ground speed can also give indication. Into wind the ground passes below more slowly than when flying downwind, so turn accordingly. Flying crosswind, a glance at the ground, with reference to a point on the glider, will show leeway, sideways crabbing in your flight path. Turn into wind and there will be no leeway.

Mike McMillan once flew with a Venezeulan lady who carried a javelin to which she had tied a windsock. On approaching her landing she would unstrap her weapon and hurl it into the ground ahead. Mike advised us against trying this idea for ourselves.

A cruel, reminder of current ability came with a simple question from Paddy: 'How does wind gradient affect flying?'

We all knew about ground friction and I proffered the failsafe answer: 'Well, you always try for optimum airspeed before you come down, but if the gradient has knocked out the wind, beware, too much speed over the ground and you'll go arse over whatnot.'

'No. Too much is better than too little. You've got to pull in to get plenty of speed to fly safely through the gradient,' came the reply.

Was Paddy on the same wavelength? The cruel

blow followed: 'When the pilot's down very low at the sort of heights you're flying he can ease off any excess speed, still flying the glider properly while doing so. If the approach is too slow then the pilot is likely to have problems with roll control.'

Oh well, soaring was evidently still a while away.

We waited for the wind to make its mind up. Would it be kind and give us a fourth consecutive day? The forecast, though for another glorious day, put the wind from the north and blowing too hard to give the sea breeze a chance. But come noon, with a drop in the wind, we were off to the hill and arrived to witness Mother Nature at her best.

Stepping out of the van into a flat calm, we walked to the edge of the hill. 'Strange. I thought the sea breeze would have filled in by now,' said Mike, anemometer in hand. But almost as he spoke a cat's-paw crept up the hill and set the cups idly spinning. In seconds the wind was a steady 12 mph. The sea breeze was in and it was time to assemble our birds.

The routine was by now familiar. Nose into wind; control frame opened wide; bottom bar and wheels pinned in; flip the lot over, vertical kingpost slotted in. Wings pulled forward, simultaneously hingeing out the cross tubes; tip struts in to promote the stall-preventing 'washout' sail-twist, and battens slotted in to pockets to give support to the aerofoil section. Then from under the sail a pull and a shove on the

Assembly soon becomes second nature, but it is best done by two to prevent accidental oversight.

Before opening the wing out, the kingpost is erected and fixed. The cap with rigging already attached sets the top tension up.

Assembly is eased with items such as tip struts spring-loaded like tent poles. The hinged wings open out from the nose.

Right The battens are slid into their pockets and tensioned in place with bungies.

Below From underneath, the control frame is then slid back along the keel tube.

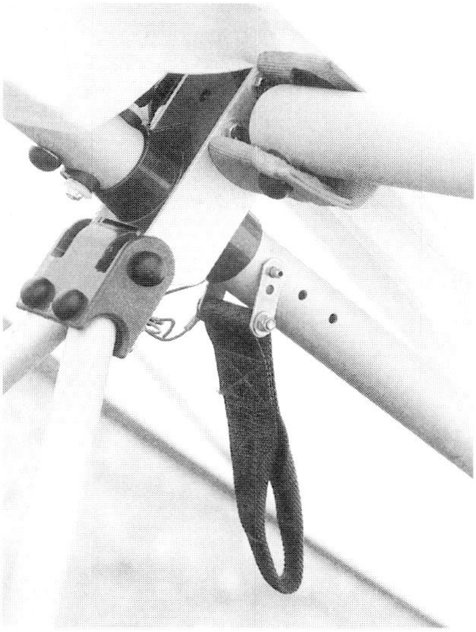

The cross bars pivot from the same collar as the control frame. The collar is pin-locked in position at the centre of balance.

This central collar, with hang point behind, exemplifies the clever engineering. It is also central to the wing's lateral tensioning.

Below The wing cantilevers up on the control frame. The side and rear rigging wires self-tension as the nose wire is clipped into place.

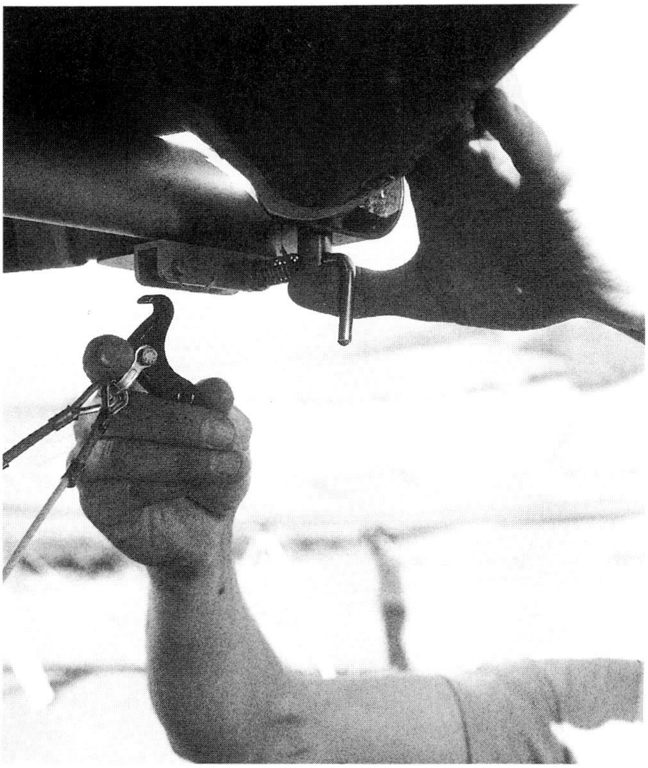

Carrying the weight of the final tensioning the heavily engineered nose clip locks in place and should be carefully checked.

control bar and up the sail swung, cantilevered on its control frame. Locking pin in to secure the centrally jointed assembly and then clip and pin the nose wire home and there was the rigged and tensioned glider. Now time for the checks, SWANK and SHOW.

The mnemonics may seem a trifle daft, as some might say SHOWing off is the same as SWANKing, but they do enforce two different and important routines. Just how important I learnt when two paces into take off my hand slipped on the uprights and my helmet (SHOW) blocked vision as the airframe smashed down on it. There's a difference between flying no hands and flying blind. As my old school master used to say: 'Owen, never presume'. It hurt to admit that the gowned tyrant might have been right.

Helmet back on, strap firmly secured, I started the first of my four flights. We were back on our usual side of the hill, this time at about three-quarter height. It no longer looked frightening and the knees were not shaking, but I wondered how much of yesterday would have stayed in mind overnight. With the wind not excessively strong, the plan was a slight turn to left then back to right and finally straighten up before landing. This being the simplest way to work a descent leaving plenty of space for landing. I needn't have worried. Failing to pull in and speed through the first turn, I slowed excessively, and failing to pull in for speed to counter the stall, my weightshift the other way to correct proved futile. With a wallop I came down to ground only feet from the bottom of the hill.

The second attempt was better and, covering more distance, the slog back to the hill a lot longer. With Mike on the hill to talk me through take-off and Paddy down near the windsock to help me with my landing, the flight almost went to plan. The third flight then aborted on take-off as losing orientation I pushed the bar too far out and tripped under the braking glider. Depression. Deep, severe and manic. I felt a complete fool. Wound up and now tired, I wondered how I hadn't crashed out like this the previous day. But then the fourth flight went well after a determined take-off and a timely reminder from Mike to relax and look up. Expelling the tension through my finger tips, the bar felt light and manageable. I tweaked the bar and gained speed, then shifting my body weight left by guiding the bar to the right the glider responded but only slowly dipping and turning left. A shout came up from the ground: 'Keep your legs straight, don't twist your body' and, sure enough, correcting that turn the next was easier as weightless in my swinging harness I moved the bar to my left, my body then moving right and initiating the turn. But then all too suddenly it was time to

The integrity of the rig, and the pilot's scrutiny, is all that keeps the pair in the air.

straighten into the wind and with the bar pulled slightly in, speed on and now down from forty feet to four feet, I gave a gentle, steady push out on the bar to almost arm's length and I touched down, faltering to a stop two steps later. With the nose dropped in text book fashion to save the glider being flipped in a stiffer breeze, I unclipped my harness and with Simon carted the glider back to the hill.

The others performed rather more consistently than I had and then, after a total of eight flights each, we wearily de-rigged.

'I don't care how low it is,' said Roger. 'We're flying. Actually flying. What would Leonardo have thought of that? All those years, and we've done it in four days.' Little did we know that soon we would be meeting the novice hang glider pilot's equivalent to a brick wall. As we turned off the main road at Compton there was a sharp intake of breath. We'd

arrived at the Bowl, a psychological cliff where we would one day be learning the final lessons before gaining our certificates. It may have been just a steeper, grass-sided hill, but to us it seemed considerably more.

Our final task was to make three flights with a ground clearance of more than 100 feet from a take off point of not less than 200 feet above the landing area. At 400 feet high, the Bowl gives every chance to fulfil this requirement, but it also gives every chance to doubt the wisdom of having signed up for the course. Where the training hill was comparatively gentle, the Bowl looked extemely unforgiving. Deriving its name from the way nature had scooped the earth out of the hill's belly to leave a near vertical face sided by rounding slopes, this looked like the real McCoy. We were not to fly from there that day, but simply to help the returnees.

The final task in the licensing lay in making three flights of more than 100ft. A prospect not relished at the week's start, but by its end quite realistic.

Before joining the course, though knowing the training was safer than ten years before, I had still been wary, even anxious. But our training so far had put to rest any of the fear I may have had. After all, we had learnt from the bottom. But this seemed one hell of a jump to the top, or to be more precise, one hell of a jump to the bottom. This was not hugging the hillside, this was throwing yourself off a mountain. And these guys had only flown three days more than us.

Some were more nervous than others and for the most part there was a silence as in turn they ran through their pre-flight checks. Before each went, Mike gave encouragement: 'Don't worry. Have faith. You can do it. It's no different to what you've been doing before. You may be higher, but that doesn't make your flight more difficult, it just gives you more time in the air.'

He was right. If Mike had been asking us to walk the plank his advice would no doubt have been the same. But there's a difference between a plank laid flat on the ground, and another one bridging a chasm.But, sure enough, those who took off that day only worried before the first flight. After that, if it hadn't been for the lung-searing climb back up the hill with the glider, they would have carried on all night. 'Goodbye friendship, hallo love,' said one pilot mirroring the elation so evident in all. But then they had a reason to be gleeful, the certificate was theirs, and another barrier had been broken.

The final flight of the day was made by the veteran pilot Pete Scott who had joined us for a day's refresher. While the trainees aimed sensibly for anywhere in the cattle-specked field, Pete came into a perfect landing just feet from the van, ready to pack up and go home. With a single, joking comment, he summed up the pilot's aim: 'Well, I can usually put it down on my pension book!'

Above right Streamlined, and insulated from the cold, a pilot soars above snow capped hills in search of lift.

Below right A pilot launches off a ridge in the South of England.

AIRWAVE

polaris

DAY FIVE

- ☐ The survivors and fear of injury
- ☐ A late start and co-ordinating pitch and roll
- ☐ Rules of the road applied in the air
- ☐ Video nasties and dare-devilry
- ☐ Far flight and the bullocks you meet

'When flying, time may be short but it's totally subjective,' said one philosophising student over his bowl of cornflakes. 'But I've still only flown 20 feet above the ground, my body is twisting and I'm pushing the bar too far out. P1 and the rest? Implausible.'

But Mike cheered us with word that we weren't far from certification and if all went well today then we'd be going off to the Bowl the day after. That would make it just six days.

Each morning as we sat to breakfast we watched the windsock on the barn roof. 'Which way's it blowing today?' wondered John out loud. 'North again?'

'Looks like it's coming from the left to me,' laughed another weather layman.

There were only the four of us left now, the returnees having all contentedly shuffled off home. Of the ten or so who we'd seen in the week, Mike reckoned only one would actually carry on seriously. The clue to this being a parting request that Mike keep an eye open for a good intermediate glider he could buy secondhand.

'Probably 85 per cent of people who come on this course have no intention of carrying it on,' said Mike. 'It might be for any number of reasons. They might have just come for an adventure holiday. The thought of soaring might scare them. It might have been harder than they thought. It might be too much hassle,

Above left Pilot and glider make a splash of colour against the Isle of Wight countryside.

Below right A herd of Charolais bulls peer quizzically at this apparition from another world.

and the hassle-factor is big. If the winds are wrong you can spend all day driving round to find a site. And of the 15 per cent who do carry on, probably only ten per cent take it up seriously. It's a real commitment. It takes up an awful lot of time if all you really want to do is fly.

'It's not an easy sport to learn, but then at the same time if you're keen it's not so hard that determination can't beat it. It's different to sports like horse riding or sailing, but then that's mainly because it's unforgiving. Make one mistake and you could get hurt. It's not like falling into the water from a capsized dinghy. But then accidents are rare and when you consider that some 2000 students enroll each year in this country, in a way it's surprising there aren't more accidents. But then it's fairly safe the way it's taught.'

The first evening down on the island our conversation had naturally enough centred on what had tempted us into having a go at hang gliding, and it transpired that I was the only one of the four who had never experienced silent flight at all. Simon and Roger had both had day-tasters at hang gliding and John had knocked up a few hours' airtime in sailplanes, what those outside the sport call gliders – fuselage, cockpits and seemingly greater structural integrity. For them hang gliding had seemed a 'natural', a more practical and less costly way to get airtime and thrills than sailplaning or parachuting. For me it was that 'If only . . .'.

In conversation, risk of injury quickly surfaced – I was the only one having taken out insurance. 'Hell, the methods are safe,' said Simon, considerably younger and with bones no doubt more supple. 'Out of the people you know who've gone skiing, how many have hurt themselves?' He had a point, almost everyone.

'It's weird,' he continued, 'every year thousands of totally unfit people strap on borrowed skis and hurl themselves down a mountain. Mention hang gliding to them and they say 'no way'. As soon as it's anything up in the air they don't want to know. They seem to find safety in something being packaged. "Oh, they wouldn't offer it if it wasn't safe". No, I reckon you're safer hang gliding.'

Mike doesn't deny that accidents happen, but then he doesn't deny their cause. 'Probably 75 per cent of all accidents are by relatively experienced pilots. It seems that those with about ten hours' flying time are most susceptible. Slight over confidence and then chances are taken. But if a crash looks imminent just let go. The glider will always hit the ground first and crumple. It's the appendages that get hurt. If you hang on to the bar it'll be the arms or elbows that go. If you stick your head out, it will be that that gets hit. Just let go and curl up in a ball.'

And for those flying serious heights and cross country distance? 'They're better off than anyone, they fly with parachutes,' laughed Mike.

Maybe this was a rare chance to get two sports in one after all!

At a glance, an instructor's life seems a good one: fresh air and time to reflect while sucking in life from a stalk of grass. But for the serious it is very much a seven-day week with breaks only when weather dictates, and that leaves little chance for real flying. Mike agrees: 'That's true, but then I've done that bit of it. There's nothing quite like being able to fly and now I just enjoy helping others to fly, watching their faces, being there when they get things right. It's exciting, it's never boring. Everyone's different but the delight is the same.'

Mike's move into teaching the sport was really just an extension of an existing lifestyle. He discovered hang gliding while skippering luxury yachts around the Mediterranean and Caribbean.

While the sailing gave Mike an ability to read the wind and weather, his feeling for flying is now far stronger than for sailing. 'Through sailing you know the clouds, but through flying you really get to know them. And that ability to fly them without an engine and experience the force within is just unequalled. Touch the side and climb, climb, climb. You don't want to be in the middle but you don't have to be to feel that power.'

The day was to be a late starter again and with much of the theory needed behind us, the day's session was short and dealt with co-ordination of pitch and roll – respectively movement about the lateral axis and longitudinal axis (nose up and down against wing dipped and raised) – and the basics of right of way. Up until now we had been flying in uncluttered air mainly practising straight line flying with our turns more a matter of roll correction than steep banking. But with the bigger turns, 90° or more, the greater the need of co-ordinating pitch and roll.

The sideways roll may initiate the turn but correct co-ordination of pitch is vital. The harder the turn, the more the roll and the further the wing tip dips, slowing in relation to the higher part of the rig. We already knew more airspeed was needed before making a turn and for that it's pull in on the bar. Inclining the nose, this is pitch control. But the more

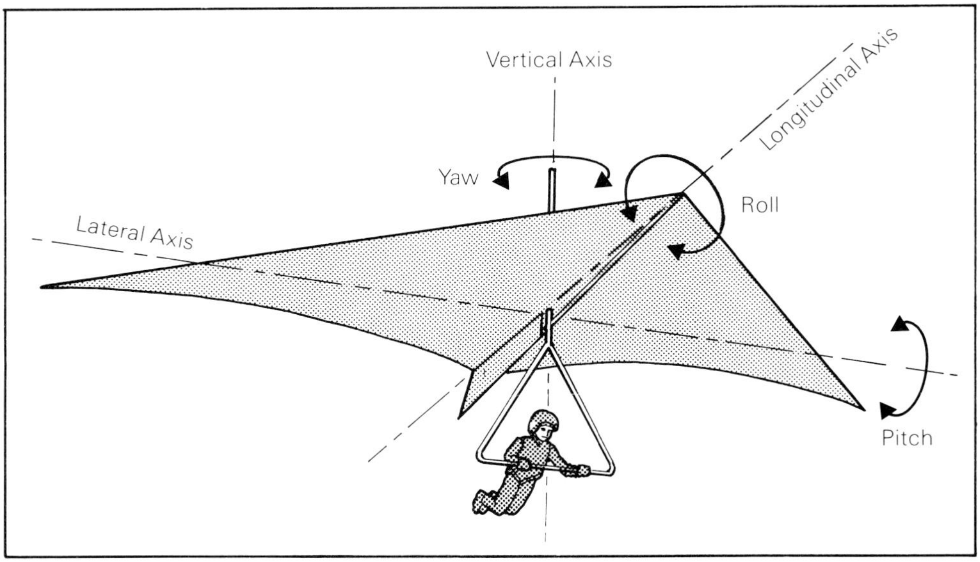

The three axes around which control revolves are: 'roll' – rotation around the longitudinal axis; 'pitch' – rotation around the lateral axis; 'yaw' – rotation around the vertical axis.

Opposite In thermals busy with many pilots it is important to understand and adhere to the rules of right of way. (Photo. Dave Perrin)

extreme the turn the greater the need of co-ordination. Like the car driver the pilot, too, needs routine. Judging the turn; bar in for speed; body weight over and roll; body weight back and then push out for lift once round and the wing returns to level – pitch, roll, counter roll and pitch. Too much or too little pitch and you may end up sweeping round too fast, or alternatively fail to make the turn in time. Clear of the hill and in free air disaster may not be inevitable, but when flying in crowded air a collision could be the result.

At the more popular sites where as many as 50 pilots might be fighting for airspace, co-ordination goes further than self; there has to be co-ordination between pilots. The car driver has red-fringed signs and painted white lines to help him. The pilot has none of these, but the pilot's invisible road is not without its rules and flyers co-ordinate their path according to these.

When two gliders approach head on, both should turn to the right leaving the oncoming glider to the left. But if there isn't sufficient space between you and the hill, go underneath. When two gliders are flying in the same general direction, but on converging courses, the glider on the left should turn more to the left giving way to the one on the right. When overtaking pass to the right leaving the slower glider to the left, but when hill soaring overtake between the other glider and the hill. 'But above all use your common sense, if there's not enough room between the other glider and the

When approaching head on, pass to the right. When converging, the pilot to the left alters course. The overtaking pilot passes to the right.

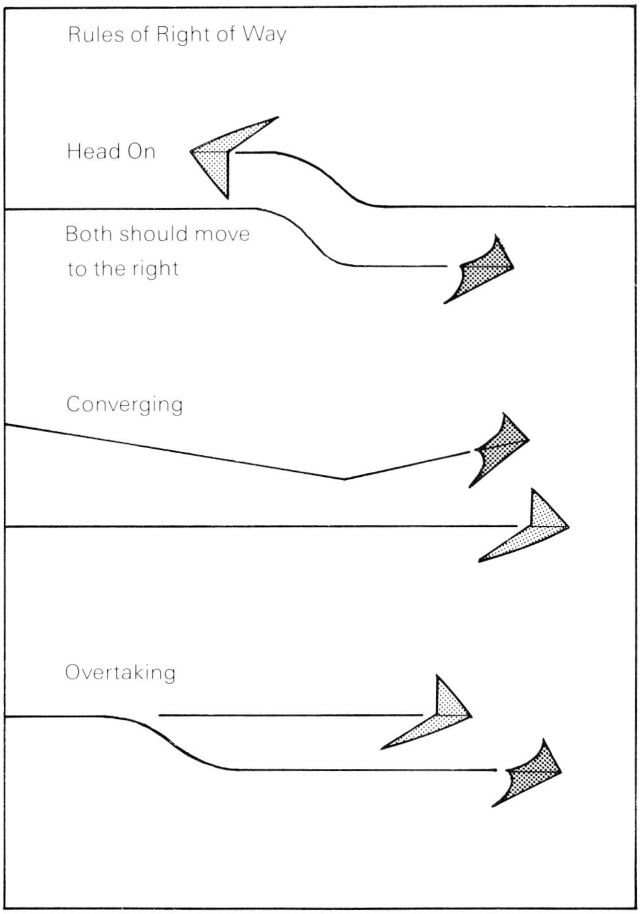

hill, go below,' said Mike. 'It's no good sticking to the letter of the law if, because of physical restrictions, doing so would lead to collision. It's not always like the text book up in the air.

'Also the hang glider itself imposes restrictions. You can't see what's going on above, so if two pilots are flying one above the other and the lower one is rising faster, it's up to the one above to clear out of the way. In thermal flying you'll see that pilots basically fly a spiralling course to stay in, and get the best out of, lift. The rule here is fly the same way. If the pilots already in lift are flying clockwise, you fly clockwise, if they're flying anti-clockwise, well, that's the way you fly.'

Understanding of Air Law is an important part of the serious pilot's make-up and it goes much further than mere rules of the road. For the cross-country flyer it demands full awareness of the rules about controlled airspace where flying is not permitted unless equipped with radio, and of airfield traffic zones. But for the new pilot whose flight is limited and made from approved sites, the rules of right of way are enough, the rest coming later with graduation.

In the three-tier licensing system of old, the biggest step for a new pilot had been in bridging the black hole between top-to-bottoms and the whole new world of soaring. It was a question of confidence, especially in the matter of safe landing, as beyond the basics the pilot had no further formal tuition. There was still much to be learnt but on a self-regulatory basis, observed but not formally taught, as the pilot progressed through the Pilot Rating System.

At the time of my course that black hole still lay ahead, but to better pilot confidence and reduce risk of accident, in Britain the BBGA has introduced a new four-tier system. In this the goal posts have been moved so that soaring is learnt through school instructors before the pilot continues into self-taught cross-country flying.

This Pilot Rating System uses task forms for each of the pilot levels which, when completed, become rating cards.

On completion of the tasks listed for each stage in qualification, the form is re-submitted to the BHGA and the pilot then registered accordingly. The bureaucracy is minimal and what there is ensures certain standards, the pilot presenting credentials when flying a new club site so being afforded the right level of help from approved personnel. Similar systems are administered in other countries.

The time each stage in licensing takes to achieve inevitably varies from pilot to pilot but as the BHGA advises: 'As well as being checked out for all listed tasks you will need to consolidate your flying and gain experience which only time in the air or out on the hill can give you. For this reason, you may apply for a higher rating only when you have held the previous one for at least four months.'

'Some people are just more natural than others,' says Mike. 'You can teach anyone to fly eventually, but some just seem born with wings. One guy who was on the course last year went straight out to Tortolla in the Virgin Islands shipping a rig with him. There's only one place to fly from over there – from three hundred feet here to three thousand feet there in one hard lesson. Another went straight to a Spanish mountain and, though he ended his first jump being pulled out of a tree, he got it right the next time. But then there are those who can take four months just to get their P1. It all depends.'

Unlike certain licensing authorities, the BHGA does not exist to create obstacles, it acts as a mediator and initiator to help make things possible. It is staffed almost wholly by unpaid volunteers and as such is governed by enthusiasts rather than bureaucrats, and its function is very far reaching.

There are those who refuse the system, but they are few as membership, which is mandatory for joining any BHGA approved school, holds many distinct advantages. Recognised clubs will only allow BHGA certificated pilots to fly their sites and the modest membership fee includes third party insurance. Other benefits include a complimentary copy each month of a hang gliding magazine.

It was back copies of these that we delved through while waiting for the wind to settle, but Day Five was not to be kind. The sky, though cloudless, was filled with a gusting northerly too strong for our abilities. Half a world away a fine summer's day had drawn enormous crowds to Wimbledon. But as we watched on TV, the balls bouncing their way from one side of the net to the other seemed lifeless compared with what we were learning. We switched to the video.

There on the screen was a student pilot's nightmare – Owen's Valley in California. It looked fierce, frightening – a high jagged mountainside rising out of rock-strewn desert. The wind was roaring up God's own version of hell on earth at 50 miles an hour. Helpers fought to steady the gliders, then with a yell a pilot would take to the air. One thousand feet of lift a minute.

A wing-mounted camera lens at five thousand feet flew high above a whirl of gliders below, white dots on a sand and scrub covered land.

Two-forty-five and we were up on the hill. Two-fifty-two and we were back in the van as a few paltry knots of gusting wind sent us scurrying back to the farmhouse. Owen's Valley, indeed.

With a shift in the wind to the south-west, we headed off at six for a site new to us, Bowcombe Hill – a high sloping field that formed one side of a valley, 200 feet and little wind. 'You'll go far, my boy,' laughed Mike as we rigged the gliders by the van half-way up the incline. The day was still hot. Our flights would drop us more than a quarter of a mile down the slope. The trudge back would be a sweat.

To the windward side of the slope a miniature bowl was scooped out of the hill. This was to give us our height above ground and potentially our highest flights yet, 60 feet in the light breeze, although 100 or more was quite possible on a good day.

A herd of tawny-hided Charolais bullocks mowed the grass below.

As we were to have more height than before, and airtime was potentially greater, it was time to practice that pitch and roll co-ordination, the key to more extreme turns. The flight plan was decided and hang check completed. Wind direction was established and Roger launched himself into the air, his face puckered in grim determination. Finding a little lift above the bowl and gaining height he let out a characteristic 'whoop' to announce he had found a new delight. Then pushing out to try and keep the lift he slowed, cursed, pulled in, corrected and completed his first turn. Sweeping on down the field he put in another turn before narrowly avoiding one of the innocent bullocks.

With the hard slog back from the bottom to top, there was to be no consecutive flying. One flight per pilot, then another, though to speed things along the four of us were given one glider between two. With the gradual slope of the ground there was none of the nervousness experienced when attending Compton Bowl. I was eager at the potential of staying in the air for longer.

By now, the glider was getting easier to lift, balancing more sweetly despite its weight in the light wind. Facing into wind with the angle of attack set, a determined run lifted me and the wing into the air.

Cattle can prove a reticent enemy. Here the author is about to fail a standing landing!

Once over the heart of the mini-bowl I eased the bar left, simply swinging my body right, and the glider neatly turned. After straightening up again it was time for a steep turn to the left to get back to the landing area. Swinging my body weight left more quickly than I pulled in on the bar for more airspeed, the wing tip dipped excessively. With a shout from the ground and hearing the wind-noise drop, I pulled in for speed, finished the turn and levelled out. Two days earlier I would have panicked. I banked to the right a touch to head back into what little wind the gradient had left and then the ground rushed up.

With a half-hearted flare, my feet touched down but with too much speed on I ended the flight ignominiously running flat out and then tripping as the glider's nose hit the field. Again time had played its trick. I had only been in the air for 30 seconds. Paddy ran over: 'Not bad, but your body twisted in that second turn and that probably didn't help, but you did right to correct with a pull in with the bar. Other than that, remember there's next to no wind down here so you'll have to flare like crazy if you're going to get your landing right.' With that it was back up the hill.

Now that was nasty. With the 35-foot wing span and spread of sail you need only a rabbit's breath of wind at the wrong angle to experience crippling leverage as the wing twists. The usual position for

A breathless Roger takes a well-earned rest in his climb back up the hill.

portage is with glider nose down behind body which adopts a pose through the control frame as if readying to take off backwards. Then lift and walk. Up to now we had always made our returns with the wind right behind, but now, to leave a clear path for others to fly, we had to skirt the bowl crosswind. What was an unpleasant task at the best of times was now even worse than ever. I managed a crabbing walk with the control frame doing its best to squeeze the marrow from my bruised shoulder bones. And still there was nearly a quarter of a mile to walk. Up ahead a struggling Simon was swearing like a pirate's parrot. Eyes glazed, we reached the top, breathless. Time played no tricks, it had taken an age to retrace what took just 30 seconds to glide.

'Good, you just put in too sharp a turn for your speed,' said Mike. 'More pitch and you'd have been right. But you've got to stop twisting your body. Just hold the bar nice and easy. You shouldn't actually be moving your body. You've just got to move the bar across your front with your arms. Then your body will stay straight. It helps if you cross your ankles. Sounds daft but it works.'

I tried that next time and decided he was all right. Ankles crossed, it worked. The flight went better and Paddy hollered up pointers for a better landing, but this time the Charolais were back and I was too busy

Carrying with the wind behind, the weight is taken on the arms and shoulders.

screaming: 'Get out of the way' to respond to Paddy's words. I bellyflopped into the comparative comfort of a towering thistle bush. Paddy came over laughing, as I unclipped.

Much the same happened third time round, but this time without the bullocks for company. If I'd been depressed about bad landings before I must have then verged on suicidal. At least a neat landing would have cheered the slog back up the hill.

The fourth and last flight of the day went well. Distance over ground increased in the ever-falling wind but there was still time to put in an exaggerated S-turn. The senses were left free to take in all that was new, the elevation, the wind on face, the noise in ears, and above all it gave time to judge the landing. Ten feet, five feet, four feet, flare, body swings up and then down on feet, one pace and stop, glider's nose this time purposely lowered to ground and unclip.

Left In the slightest side wind the wing can tip making an already unpleasant task even worse.

Far left But despite all, the pilot still tries to maximise distance in flight.

Relaxed, there had been time to correct errors and even understand them. I hardly noticed the height except to enjoy it – and that was confusing. Hadn't I expected fright and the fear of losing control at height? Maybe, but that had been pushed into the past tense. There was no fright. Sleep came easily that night.

DAY SIX

- ☐ Independence and the island air
- ☐ The thermals come through
- ☐ Hands down to the bottom bar
- ☐ Grace in flight then time for a fright
- ☐ Correcting with calm
- ☐ Dual control and launching by winch

July 4th – Independence Day, but independent we were not. The restricted flying time of the previous day had put paid to any plans of completing the P1 in six days, but there was no depression. No one wanted to go home. There were still two days in the diary left.

We left early for Bowcombe Hill, planning to beat the sea-breeze and enjoy the early morning's light easterly winds.

As we drove into the field at eight-thirty, it was the picture of perfect tranquillity, the antithesis of town life. Two more days of this consummation with the fresh air and I'd never be able to go home.

The island may only be a 30 minute boat ride from the mainland, but its resident old-timers still talk of 'that place England' though they hand over pound coins no different to those in my pocket to their shopkeepers. But the Isle of Wight is an island and an island unto itself. It is also an island much maligned by outsiders who see it either as simply a yachtsman's haven or a penny arcade for the tourists who pour from the ferry for a fortnight's frivolity.

How wrong. It may have its rich cliques and it may have its arcades and holiday camps, but what it also has is a rare beauty; unspoilt countryside, a conservation programme that discourages property developers. Thatched cottages stay thatched, whole villages stay thatched. Fields still resemble farmland rather than the featureless landscape of EEC agricultural policy. The land remains almost intact, still ringed by hedgerows and woodland alive with flora and fauna.

'Looks like it's half-flyable,' said Mike.

Despite the early hour, the land was warming fast and Mike warned of thermals.

'What, even on this little hill?' asked Phil.

'Yep, small though both the hill and the thermal may be, they can combine to make take off tricky as the thermal twists the wind a bit. It feels a bit gusty, right, well that's the thermals coming up the hill. If you look down the bottom you'll see the windsock is blowing slightly to the side. Right, wait a minute . . . there you are, it's blown in to us. As the thermal reaches us you'll feel a warm gust. Then as it passes it swings the wind round a little and that's what you just saw at the bottom.

'The thing to do here is wait for it to come through and just as it hits you take advantage of the redirected wind for your take off. Sometimes it might work against you, but today it's in your favour. But if you take off just before the thermal hits you, as soon as you're up it will play rough. But remember, we're talking about little thermals. If they're too big for you, don't take off.'

As we watched Simon fly down to the bottom, a pair of swifts swept past. 'That's another way to tell if it's thermally,' said Mike. 'Obviously if any birds are up soaring it's thermally, but darting birds like the swifts give a clue as well. As a thermal passes, it whips up flies and birds like the swift then enter the thermal to feed.'

Today's treat was not to be a mouthful of flies but flying with our hands down on the bottom bar – the first move in getting to grips with poise. Though we may have attained some height, from below we still resembled suspended paranoids. So now this was progress. This was more like flying. But it did mean letting go of the bar . . . 'Time for a fright?' I wondered as I ran through the 'SHOW' mnemonic. Well there was only one way to find out.

'Right, usual take-off routine,' said Mike, 'then once you're up and feeling comfortable bring your hands down one at a time and space them out. As this helps your position you'll actually find it easier to fly this way, but remember to get your hands back to the uprights before you start your landing.'

Flying in a state of shock, having managed the move down to the bottom bar, I landed before I knew it, hands still gripping the bottom bar. By the grace of the gods the landing had been good: two steps and a stop.

I had been lucky. By holding the bar low the flaring effect was lessened. Hold the frame high by the uprights and the bar can be pushed further out. Also, had there been more wind, I might again have been in more trouble – the glider, though manageable on landing when held by the uprights, becomes an unwieldy beast if held by the bottom bar. In any strength of wind, holding it as I was, the glider may well have tipped or, worse, blown over backwards with me still clipped in.

Mike tactfully pointed out my failing. I had rather hoped he might have forgotten. We all realised that we were now being judged – Mike was holding an invisible scoreboard. Every flight now counted for, or against, the certificate.

After a breather I steadied the glider by its nose wires for John who once in the air quickly transferred his grip from uprights to bottom bar – one hand, then the other and bingo. A swoop one way and then the other with body straight and clean movement of the

When allowed to move hands down to the bottom bar for flight, you feel you've finally arrived.

Manhandling the glider becomes second nature and the pilot knows when to tell the wireman to release.

bar. Roll, roll, back to straight, bar in for speed, hands back to the uprights but then a feeble flare.

Comparing notes as he helped with my next hang check, we shared the same disappointment, as I waited for the butterfly trail of two other gliders to

clear my path. Then with the wind direction checked again, I ran into a launch.

Roll to the right, Mike had said. That I did and just above the scooped bowl was met by a bit of lift. A bit was all it was. It hit the upper tip, dipping the other and I stalled, quite badly. Shouts from the ground, what did they say? I can't feel the wind on me. Body back to correct to level. That's funny, it won't level. It won't come round. I can't feel the wind on my face. I must have stalled. Pull in. Speed on. Body back. Back in control. Turn to the left . . .

It must have been all of three seconds, but it felt like eternity and I had sorted it out on my own. The landing was perfect this time.

Neither Paddy nor Mike had been impressed. If I'd had sufficient speed on when I made that first turn I'd never have been in danger of falling out of the sky. Yet I felt fine, I hadn't tumbled and, weirdest of all, though facing disaster 80 feet up, fears of height had been far from mind. Maybe I'd be able to handle those free-fall nightmares from now on.

It was then we heard about Massimo, hardly the world's most natural pilot. Fresh over from Italy he joined the school earlier that year and, determined by nature, stayed nearly two months to get his certificate. His problem was his English, or rather his lack of it, especially when it came to 'pull' and 'push'. One day

With hands on the bottom bar and feet crossed to inhibit body-twist, the pilot assumes a certain grace.

he went into a frightful stall. 'I thought my mother and father I see never again,' Massimo declared, when he finally landed.

The trouble was that 'push, pull' to him meant about as much as left-hand down to a one-armed driver.

The returnees Phil and Mike, who started their flights at half-height to refresh their memory, soon found their wings and joined us up the hill as we talked about the goal – the Bowl. They had yet to see it.

'Is it a heart stopper?' enquired Phil.

'Getting your glider back is. This is like a flat field in comparison,' said Roger.

One more jump each from here and flight was done with for the day as we headed back to Independence Day feeling more in control of our destiny with 45-seconds' airtime.

Airtime is very definitely one of the frustrations of learning. If only you could stay in the air longer and practice more turns. Well, that's what the student thinks. The teacher points out that run too fast and you trip. But there is one way around this.

Dual tuition seems more fun for some than others. Though it's true that when learning, the idea is to get on top of the sport!

The dual-glider is a larger bird with two hang points, one for student and one for trainer. They used to be more popular than now but a comeback is on the cards. With a double-surface, fourth generation wing, the teacher can take the student soaring, but the problems set in if the going gets rough. The teacher spends so much effort in keeping the thing flying right he has little time to teach the student. The early models were ungainly to fly and many did not meet the BHGA's rules on airworthiness. But development now is allowing a safe comeback and the first of a new generation should soon be in the air giving the student-pilot the chance to experience soaring early in the learning curve.

The early versions had two sets of human undercarriage to deal with, but the newcomers have a wheeled-trike-type affair beneath that simplifies lift-off. The usual method of launch is to be pulled up on a winch rather than jump off a hill. The increasing sophistication of the sport and its equipment has rendered it safe to climb into the sky on a long length of wire. And long it is, a five and a half kilometre drum of the stuff.

The winch demands a strip of land unobstructed by trees or overhead cables. Once clipped in to the glider and mated with a quick-release tow hook, a thumbs-up from the pilot to the winch operator sets flight in motion. Once the pilot has found the angle of attack, the tow line tightens, the pilot runs forward and the glider climbs smoothly into the wind. Once up, the experienced pilot can beat back and forth until high thermals are found and release himself, free to soar new heights.

One of the leading lights in hang gliding technology, Graham Deegan, a New Zealander who works with Airwave, one of Britain's most respected hang glider manufacturers, set a record for tow-launching releasing at 5200 feet. At 80 feet short of a mile, that's one helluva way to get wired out!

Unfortunately the ensuing publicity forced the CAA to step in and impose a 2000 feet ceiling on tow-launches. No matter, the thermals are still there for the taking at half that height.

The winch most favoured is based on a 50hp Volkswagen engine. A complex clutching system for its automatic transmission makes for finer in-out control of the wire than with earlier models. They are not cheap. In my summer of learning there were only seven or so scattered around the UK, but a boom in winching was expected owing to the growth of parascending. In place of the wing, here the pilot has an 'inflatable' parachute which in skilled hands allows control of direction and, though to a lesser extent than with hang gliding, riding the effervescent thermals.

The winch has obvious attractions, in that it can be carted to any site for any wind direction, so allowing launch when more normally take off might be impossible. A student learning solely on tow, however, will not be allowed to hill-launch – a fresh endorsement, further to appropriate training, is necessary for this. Also conversion from one method of launch to the other can cost an extra day. So in most respects the hang gliding student is better advised to start on the hill and then later enjoy the winch.

That evening we celebrated the Declaration of Independence. It seemed quite fitting, somehow.

DAY SEVEN

- ☐ Sitting the theory paper
- ☐ No bozos allowed
- ☐ Flight at a hundred feet
- ☐ Hurdles and handicaps
- ☐ A world champion explains
- ☐ Landing on feet and walking away with a licence

Next morning with jack-hammers working away inside a delicate skull I remembered the handbook's warning of 'no drink or drugs before flying'. Through the mists of a hangover, chin and razor fought to find each other. I tried not to think of the theory exam we were due to answer later that day.

It was more a formality than a hard task, we had been told. 'What are the three axes around which a hang glider moves? Define Min Sink . . .' We quizzed each other in a final panic.

Mike, had given few pointers except to say: 'If you've studied the handbook and been listening and looking during the week, you'll be all right.'

Well we had, so we attacked the paper and as Mike sauntered off to fill in his income tax forms we realised his task was probably harder than ours.

Self-appointed invigilators, we sat in silence dealing with the varied questions in front of us. He had been right. Bar a couple of points that needed slight interpretation beyond text-book practice to prevent accident, it was all there in the handbook or on the flip-pads we'd been using throughout the week.

From which of these hills would it be safe to take off? In this instance who has right of way? If close to the hill, what action would you take? Define (yes, it came up) Min Sink. What is orographic cloud? List the pre-flight checks. List the considerations of safe flight. . . It was not so hard as to terrify but it was

certainly testing of knowledge and the temptation was not to trust your answers, and the difficulty knowing when to stop.

Half an hour later Mike reappeared, certain we were closer to completion than he was.

Mike then ran through our answers, picking on points we might have preferred aired less publicly.

'This one always gets me,' he laughed as he held up someone's drawing of the aerofoil. 'This is one for the psychoanalysts. I didn't realise tadpoles could fly . . .' My humpbacked whale was little better.

In five years of teaching, Mike has had only one aerofoil drawn with its bulbous leading edge pointing right and the wind coming anywhere but from the left.

'Right, no bozos here, you're all through. If the wind drops enough we'll get out on the hill later and see how you fare with high-flying.'

Tuning into the videos to see how the good guys do it, or indeed don't do it, we waited the afternoon away until at four we got the thumbs-up. The Bowl, the Bowl . . . but we weren't to fly it. The wind may have lightened but its direction was wrong and it was back to our mini-bowl, but with take off higher up the hill. The Bowl had been the goal and, though dreaded in ways, that was the goal we wanted. It was a physical hurdle and one we wanted to clear. At the mini-bowl we would still be flying what for us was high, but it would not be the same as jumping off our psychological cliff.

As in any sport the hurdles increase the better you get. Just six days before, we thought we'd never be good enough in a week to take to the air from the top of our training hill.

That was once John Pendry's dream also. Then it was to win that world championship. Now his dream is to win it again and also retake the distance record that was his in 1983 with a 187-mile flight out across California's Owen's Valley. That record now stands at 230 miles.

His credits are impressive. In 1986 he was also UK and European Champion, proof that his world title had been no fluke. Pendry started flying in 1974 when he was 16 and flew for nine years before he competed.

'I came in late because I felt I had much to learn and could also get more from the sport outside competition. Also the early competition flying didn't really appeal. Then it was all about trying to stay up in the air as long as you could. Sort of mini-races up and down ridges. But then it changed to cross-country and that was what I really interested in. I started going to more and more races.

Former world champion John Pendry is one of few Britons to fly fully sponsored.

'With these you have spot landings or set courses round which you either race each other or race against the clock photographing turnpoints as you go. Length varies, depending on where it is. In this country the average is about 30 or 40 miles but in other countries where the weather is better it can be 60 or 70 miles. The triangle course is gaining favour but they're not so common here because with our winds it can be hard to make headway back into wind.'

Despite being a former world champion, John Pendry has not lost his head. Unlike so many other sporting supremos he's affable, open and modest to a fault.

Whereas most pilots start their competition flying in the National League, only then looking to international competition, John Pendry enjoyed the latter before joining Britain's home-league. 'I started that way because I wanted to get away from flying this country and to experience different conditions.'

Pendry's only attempt at what us less fortunate call work was a year spent building microlights. But since that first post-university year he's been flying full time – one of only two Britons to find full commercial backing.

'I wanted to go full-time and I was fortunate. I suppose the annual cost is around £20,000 and that gets me to about 15 competitions around the world each year. They generally last about a week and I always try to fly the area before. It might just be for a couple of days or it might be for a couple of weeks. It all depends on how important the competition is.

'I like flying in the Alps most. There's such a good variation and combination of factors there. If you take extremes from flying in this country to flying in Owen's Valley in California and extract the best of both, then that's what you get in the Alps. Owen's Valley is great for doing long distances but it's boring in some ways because there it's so easy. Also the scenery hardly changes at all. You can see so far that you have to fly for a couple of hours before anything changes. But in the Alps the scenery is constantly changing. The conditions are also more difficult to read and that makes it more interesting, a lot more challenging although you maybe can't do the distance. In general, time in the air is more important than just distance and that you do get in the Alps.'

As we had our fright-barriers of the week, does the experienced pilot ever get frightened, or is that too strong a word?

'No, that's not too strong. Sure, I get frightened at times. Turbulence caused by wind can be bad. Powerful, unpredictable rotaries when you're in the lee of something big. Times like when flying in high winds off mountains you come across unexpected rotors set up by the wind deflecting off the crags. They can be so big and powerful. They've broken up sailplanes before now.'

Despite starting his flying career back in the early seventies, John Pendry has so far eluded serious injury, but that is not to say he has not had his spills.

'The worst was off Mount Buffalo in Australia where I was flipped upside down by an extremely powerful leeside-thermal when I was circling. It rolled me in on the thermal and the glider just flopped upside down. Thought? Not much time for that. I ended up lying on the glider upside down. It stabilised as it fell, but still inverted, and as I lay there I felt something break. It was just a luffline but that spurred me into action. I threw the parachute out. It opened quickly and I landed quite gently.'

I asked him about the fright factor of Owen's Valley.

'I think you reach a certain stage where the size of the hill doesn't really make any difference, though the sort of air you can encounter when taking off can still be daunting. But don't believe that video. That was a bad year and the guy who made the film liked that sort of thing. In fact a good number of Americans get their first cross-countries in there. The video just served to put people off.'

That I could understand.

'No, what you saw was the worst of Owen's Valley, although with the frequency of thunder storms there you do get 50-knot winds. The thermals there are also really strong and whereas in the UK the average maybe 3–400 feet of lift a minute, there it's in the region of eight hundred to a thousand. 2000 feet a minute is not unheard of either. But provided you stay in them you're fine. It's getting in and out that can be nasty with all that turbulence around them.'

'For the best shot at distance you need high cloud bases, strong thermals and some wind so you can drift with the thermal. Alice Springs in the Australian outback is one of the best places for this. Owen's Valley has held the record for a long time, but there you don't usually fly with much wind because with the mountains so big they break up the thermals and it gets very turbulent if there's any wind. That's fine for moving fast on the mountains, but when you fly a hundred miles out and over the plain you're moving much slower and it would be nice to have some wind then. I think the records will start to move away from there.'

Practising what he preached, Pendry was off to Alice Springs in the winter to have another try at the distance record before the World Championships.

The future of straight competition? 'Well, we're already racing triangle courses, photographing turnpoints, and I guess it will move to the biggest of

In competition flying, wing-tip cameras are used not just for self-portraiture but for proof of having rounded the course.

these you can get round in the fastest time.' Hang gliding is also under consideration as a sport for the 1992 Olympics.

As we'd witnessed with veteran pilot Pete Scott and the Sri Lankan doctor of retirement age, age is no bar to hang gliding, but what about in competition?

'Not nearly as much as in such sports as, say, windsurfing. More than youthful agility, it's making the right decisions that's important and not making mistakes comes only with experience.'

And that practical experience is the key to any form of success, perhaps particularly so for pilots fresh out of school. 'Right from word go you have to be dedicated to carry on at it. Just keep trying. It can be so frustrating when you've just left the school and you're trying to get your hours up. It's a mistake, though, to push on too hard and buy the top machine straight away. It's a good idea to get a reasonable intermediate glider and then a fair amount of hours up on that. But even then don't push too hard. You see a fair few people who are going really well but then, pushing too hard, they have a few mishaps and put themselves off.

'Doing what's right depends so much on the individual. How much time they have and their natural ability. It varies so much. With some people it can be just a matter of weeks before they are to soaring, and then a few more weeks to cross-country. Others might take a year, but the average is probably two years before cross-country. It's a gradual progression and that's the best way for it to be.'

The afternoon sun still burnt down and the wind was a healthy 12 mph as we turned into the field.

Two more returnees had come across from the mainland for the day. Their frustration at finding how few buses traverse the island on Sundays turned to good humour once they arrived at the hill.

Paddy set them going at a lower height, and Phil's wife, who had also come along, was put through her paces on tethers. She faced a conundrum familiar to hang gliding couples. What to do if one won't fly?

Before slipping her harness on, the confession came: 'I'm worried about being left behind but this puts the fear of God up me.'

Twenty minutes later, opinions and prejudices had changed. 'I never thought it would be so controlled, it was fantastic, it just felt great.'

Someone else had discovered flight. Since that time, she has gone through the school and now, both with P1s, husband and wife have their own glider.

At the other extreme, we harnessed and helmeted

Opposite Dwarfed into weightlessness by the comparative might of the wing, Mike's six-year-old son Leigh takes to the air with tethers held firmly. The minimum age for solo-flights is sixteen.

Mike's fearless young son, Leigh, who at six years old has been hang gliding for the past three years. Well, hang gliding that is in definitely only light winds and at the end of firmly held tethers – the minimum age for free-flight being 16. With a squeal of delight he lifted into the air and his grin said it all. In good humour we made for the top of our hill, the gliders seeming lighter.

Phil went first, flying well but ending in a belly-dragging landing in among the Charolais. Today we were meant to be showing perfect landings – that's all a part of the certification deal.

'He'll have to go back to the training hill if he can't do better than that. Perfect flight, useless landing.' We were seeing a new side of Mike. Was this to get us worried, to jolt us into gear? He'd built our confidence, surely now he wouldn't shoot us down?

None of us managed a proper landing first time round, all failing to flare enough for the absence of wind at the bottom.

Spurred on by no wish to fail in front of the two carloads of spectators who had halted at the foot of our hill beyond the landing site, I clipped in, hang-checked and ran into mid-air. Hands down, right, left, air noise dropping, pull in a touch for speed, body right, straighten up, hands back from bottom bar to uprights, ground coming up, out with the control frame, land on my feet. Too fast, I cannon into the control frame.

It seemed so absurd, when the wind wasn't too strong it was too light. With just a little more wind at the bottom, landing would be no trouble we'd been told. But then, at the same time, nil wind was a good test, and if we couldn't manage that perhaps we didn't deserve to fly.

John took to the air, wandered a little from his flight plan and came in to land with his wing canted alarmingly to one side. With a last second correction he levelled out and landed neatly on his feet. In Mike's commentary John could have saved himself a fright. His wing dipped only because he had tried at the last moment to head back into the wind as he knew it when he left the hill. But with the windsock hanging limp he could have landed safely in any direction. With that timely reminder our landings improved.

Settling in, each flight now looked more relaxed as the pilot considered sensation and sight at comparative leisure. Our flight times were the longest yet, still laughable in the grander scale of things but for us a conquest as we topped 60 seconds and a hundred feet in height. With greater time in the air, we began to

Top right The harder and faster the run, the better the take off as the glider lifts with more power.

Bottom right The lack of height needed to fly never failed to impress, but height was eagerly awaited.

polaris

polaris

appreciate the subtle hints the wind was giving us; the noise in our ears, the pressure on our faces. The height was nothing to worry about. We looked ahead for our horizon and not down, but even so a glance downwards gave a thrill more than fear of a spill. We had got it cracked. But then back at the top Mike's grimace still said not quite.

'Just one more flight to plan with a polished landing and you're there,' he said.

Phil ran through his checks and with a clear flight and classic, standing landing a cheer went up. He'd earnt his ferry ticket home. Roger, John and Simon followed suit, each returning with a smile and reaching for their blue Student Pilot forms for Mike to sign before he changed his mind. In amidst this euphoria I prepared for flight, depressed at the thought that I had only time left for one more flight and I still wasn't convinced by my landings. And if *I* wasn't . . ? I was depressed because I had no option. It was Sunday night and I had to get home to London. If this was an innate sport, it seemed to be playing tricks. It seemed to be telling me I wouldn't be out on my own in eight days.

'Release,' I said, and John did. The glider tipped a little, but balanced again it felt right and I ran for it. Push, pull, hands down, roll, correct, roll, wind feels right, correct, wow look at that, ground coming up, feet touching down, one step, two steps, stop. Got it!

At last it was time for high flights and the chance to get hands down on the bottom bar. But they must go back to the sides for landing.

DAY EIGHT

- ☐ Highs and lows
- ☐ The next step to intermediate machines
- ☐ Some soar, some sit at a desk
- ☐ Buying secondhand
- ☐ Murphy's law and bad winds
- ☐ Flying prone and on your own

It felt strange to curtail the week's brush with the bizarre so swiftly with that headlong rush for the ferry. Though seven days was all it had been, displacement had been complete and as the lights of Nirvana fell behind to give way to those of Southampton ahead it seemed absurd. But the quarry was fixed on – that eighth day, the first day of flying licensed. The question was how soon?

Of our Gang of Four, both Simon and Roger were staying on for a few more days to convert to an intermediate, fourth generation glider and to enjoy the fruits of their lessons. John, like myself, had to leave and he thought it unlikely he would fly again before university, but fly again he would. For myself the snare of work lay ahead but if I was to be a statistic I determined it would be as one of the 15 per cent who carry on.

The high that I left the island on remained but the island was not on my doorstep and it was over there that I had to convert from my training glider to an intermediate. Kevin had been untroubled by this. Having left the school three days before our group dispersed, he had bought his own glider within a fortnight and, doing the conversion immediately, was already scoring five-minute flights in his logbook while I sat logging none.

But the first step had been taken. I posted off my signed Student Pilot Form and a small fee to the BHGA; back came the credentials to allow flight with a club. In the back of the sample 'Training Issue' of *Wings*, the BHGA monthly magazine which each student receives on applying for the course, is a list of the clubs and their officials. A phone call to one of these then opens the way to further flying.

My initial four-month membership of the BHGA still holding good, I pulled a long red ribbon from my student pilot's pack. The new pilot flies the ribbon from the kingpost for the first ten hours' airtime to warn others of his inexperience. This is in much the same way that the French insist that newly-licensed drivers must display their 'speed' plates for a further 12 months. In adopting a similar scheme it seems that the once criticised sport of hang gliding is perhaps, in fact, regulated more wisely than our driving. But ten hours' airtime can seem one helluva lot of flying when after a week's solid tuition the logbook shows little more than quarter of an hour!

The frustration was immense, Kevin rang: 'Been back down? No. Come on, get on with it. Or . . .'

He was right. I was fast turning into one of the wrong percentage to pass through the school.

'Get yourself a glider and then you'll have to get out there. If that doesn't get you out you'll kick yourself because all you'll have then is an expensive ornament in your hall!'

Secondhand, reasonable intermediate gliders can be picked up for very little.

As the glider's integrity is all that lies between pilot and disaster, any intended purchase should be carefully considered and checked over before money changes hands. Aluminium can weaken with age or with straightening after being bent in collision, wire rigging can corrode or fray, and stitching and sail cloth, even if not torn and patched, deteriorates through exposure to the sun's ultraviolet rays. The best check is to ask the instructor or experienced club-member to give it a once-over. An obvious must is for another experienced pilot to fly it and comment on whether it handles correctly.

The right choice of make and mark might seem a mite confusing, but again the instructor will advise. Also the BHGA publishes a list of 'suitables' with definite recommendations as to what not to buy – old gliders pre-dating airworthiness and those that are simply unsafe or too tricky for the novice to fly. Schools are often agents for makers and accessory wholesalers and, though obviously keen to sell their own labels, there is the advantage in buying from them in that help converting to the new glider or gear is given.

Cost-saving from one glider not all that different in appearance to another is one quandary the inexperienced purchaser faces. In certain instances it may arise as a result of efficient production, but more likely it is at the expense of fittings or materials. It might be in the use of cheaper aluminium tubing. But cheaper aluminium means thinner aluminium which with messed up landings can lead to a pilot bending more uprights than perhaps might be the case with another, sturdier glider, and bent uprights mean more outgoings.

The only outgoings I seemed to be running up were in phonecalls down to the island. Murphy's Law still applied – pick a day, any day, and he'd mess things up. Then the day came. Would it hold good? In bright, early morning sun and a light breeze the ferry left Lymington. Twenty-five minutes later, as I stood on the quay at Yarmouth, the wind was blowing the same number of knots. The red ribbon rested safe in my pocket. As before the course, I sat on the hill watching those in the know enjoy themselves as they soared the ridge at Afton catching the occasional thermal that whipped them up to nearly 3000 feet, their varios (altimeters) clicking like post-Chernobyl Geiger counters as they noisily informed their owners of lift or sink.

Though flying hard and fast, from the ground they seemed only to hover then make graceful turns as the wind cancelled out movement over the ground. But then as they swooped into 180° and 360° turns they would speed across or in front of the wind displaying much of the style of the original bird-form. With the colours of nature's tropical aviators they ducked and weaved . . .

'See that guy,' said Mike pointing high in the sky, 'he's only been flying two weeks more than you.'

That guy had already been in the air for half an hour and was up for the same time again before coming in to land. Admittedly his case was rather different; he worked for Airwave who make the much respected Magics and Kalypso, and airtime was no doubt in his employer's interest. He had done little but fly in those two weeks. But it showed how quickly one could progress.

In among the attendant pilots were two from the school awaiting the chance of their first soaring flight. But with the wind marginally too strong for ability they too sat it out in hope of a lull. At the other extreme, Airwave's sail-man, Graham Deegan, was out with his batten-man colleague testing a new competition rig with a one hundred per cent double surface. A marked contrast to the ageing Super Scorpion one new pilot present had picked up for two hundred pounds. Fact was that both flew the same wind, despite one costing less than a tenth of the other.

On the hill sat a policeman not there to check licences but there to get his own pilot's certificate. Grounded like myself he could do little but look on. A while back that might have been all he ever did as half-way through an earlier course he landed badly and broke an elbow. Perhaps something to do with the long arm of the law, the cast was soon off and determination strengthened.

Watching the exploits of those more experienced, the adrenalin surged through the brain. But other than that these guys could really fly, there was one even more obvious difference highlighting the 'us and them' syndrome. They flew in prone position with body horizontal, not in the semi-prone, back arched, legs down position we had learnt in. And switching to that was a part of the conversion I had to come to the island for.

Flying prone reduces drag significantly, so improving passage and speed through the air, but the low heights and airtime we had experienced precluded its early adoption. To do so would have proved no more effective then pulling a parachute's ripcord six feet above ground.

To fly prone, the feet must be securely held high but the student has great need of free feet. The general programme Mike recommends is: 'about 25 top-to-bottoms with the intermediate glider to improve proficiency in take off, turns and particularly in setting up landing approaches as you need to get that in your head before you start messing around with new information. During that you learn to go prone.

'If people come back with a new glider it takes about two to three days getting them used to roll and pitch response and then we recommend the new pod harnesses for going prone.'

And it was in one of these that Mike walked the hill as he talked looking much like a Gerald Scarfe image of some humanoid insect. The pod, though, is exactly what it sounds to be, resembling the peapod or chrysalis shell of a butterfly into which the pilot climbs as if into a sleeping bag with a part-opening front. Then, when in flight, the legs are kicked back into the pod and the front zipper closed for sleeping-bag warmth in the colder heights.

'With these it's so simple, unlike the old hanging-stirrup harnesses,' said Mike. 'They cost perhaps twice as much at two hundred pounds, but once bought all you do is benefit. When you kick into prone you just rest your legs in. It's actually no more of a progression than moving your hands down from the uprights, but with the stirrup it's harder. They habitually ride up behind you as you get into flight and struggling to find the stirrup with your feet can easily distract you from flying properly. As you struggle to find it, pushing back with the legs, it's all too easy to push the bar out and stall without realising.

'Over the years probably half a dozen people have been killed trying to go prone with stirrups. When I first flew, about nine years ago, the prone conversion was the most common cause of accidents. Carnage, but what made it worse was that at that time you learnt to fly with a seat-harness rather than semi-prone and there was as much as a foot difference in bar position between that and prone. That made conversation much harder and that's why everyone is taught in semi-prone these days.'

But even so the pod can still trick its occupant. 'Coming in to land you must remember to unzip,' said Mike. 'First time in a pod everybody does it. You forget to unzip, after all, that sort of manoeuvre at a hundred feet is hardly natural. I remember my christening. I thought 'legs out' then with an 'agh' came a 'sod it' as I slid along the ground. At least they've got good padding!'

Watching Ian, a recent student, take off for an extended top-to-bottom, Mike's words made sense. Most of his flight was spent with feet awkwardly waving around behind him attempting contortions few would try even on terra firma. Ian still hadn't found the stirrup by the time he lined up for the landing. Strangely insectoid though the others looked in their pods, at least flight was unhampered and the pilots were warm.

But watching Ian's aeronautic gymnastics also gave hope. His airtime was not much greater than mine, yet he was flying in more than 20 knots. He had just been more consistent, not allowing such time to pass between the course and now as I had. In essence I needed a refresher, but the only refreshment I had came in liquid form on the ferry back across the Solent.

Frustrated, yes, but the day had been instructional. Just chatting with those who flew gave tips and hints that led to an inkling of understanding. What had simply been theory before had now been seen in practice and, more importantly, partly understood.

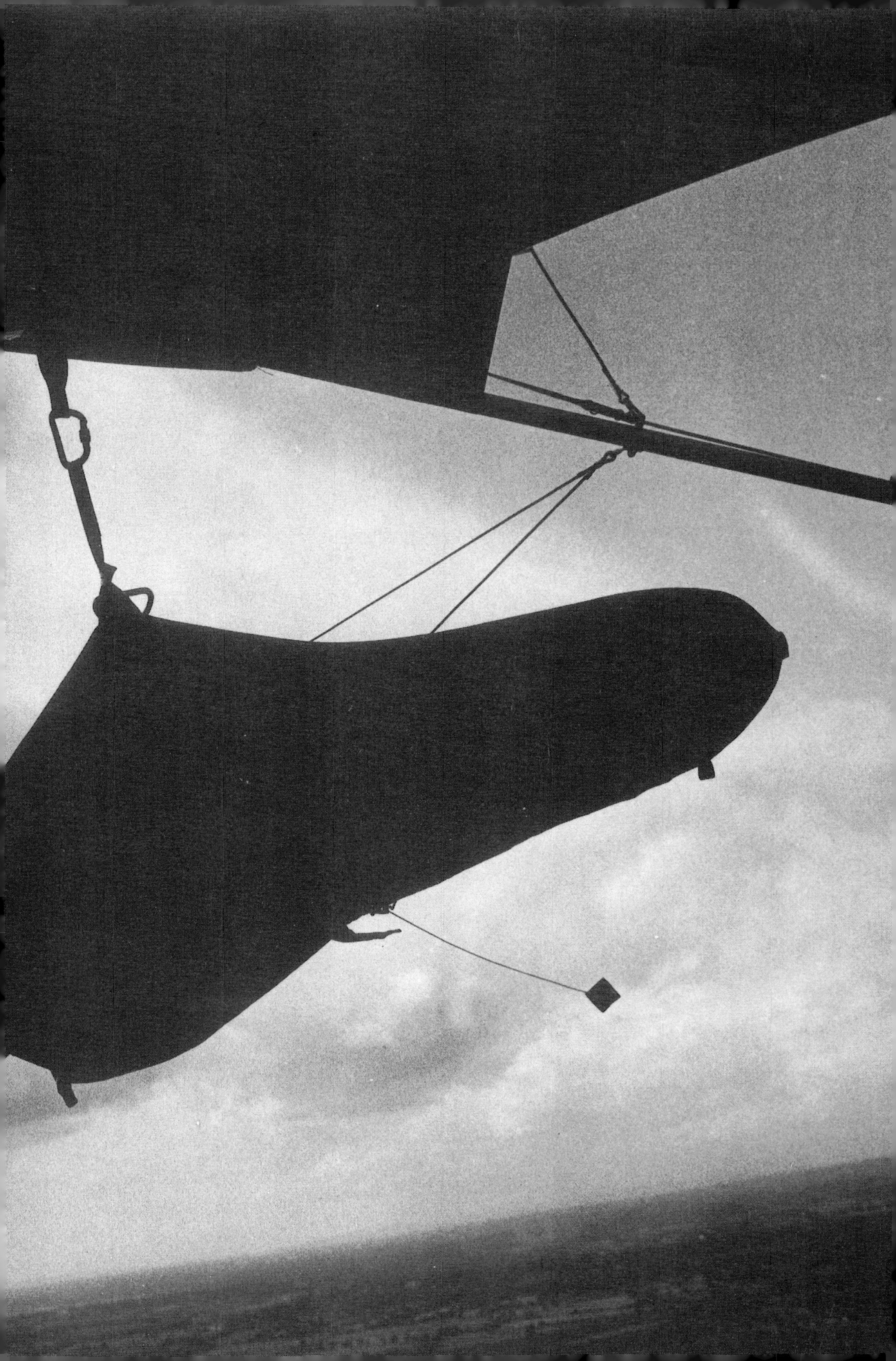

How the thermals came up off the ploughed field half way along the ridge's foot but not off the field of long grass. How the soaring pilot working just the ridge-lift beats along turning figure of eights. How far lift physically extends out from the hill. It had all started taking shape just as it had in other pilots' minds as temptation led them out of lift and into sink when fast thinking was called for to plan a flight that would allow them back to the landing site – or not, as one or two discovered.

Back home the phone rang. 'Well, how did it go?' came Kevin's dulcet tones.

'Great, learnt loads,' said I in evasion, then 'trouble is I didn't get up.'

Murphy had been at it again. Kevin, of course, having gone off to one of the Thames Valley Club sites had added to airtime impressively, although he was more modest than to say that.

'Just seven minutes,' he said.

Just seven minutes – to me that was as good as

Previous page Now the dream was just a winter of practice away. (Photo. Dave Perrin)

Below Some say the thought of hang gliding scares the pants off them . . . but it needn't with the right tuition.

perfection, even though I'd just seen someone land from more than two hours in the air. Seven minutes, I'd give my right arm for that.

Kevin's angle of attack was right though, he had joined two clubs to get the best out of sites and wind direction, and through contact with members was picking up valuable advice. 'It's so embarrassing though when they ask how many hours and you can't even say one!' he quipped. 'I'm not surprised they've got the ten hour red ribbon. I'm rapidly approaching my first half-hour. It's pathetic!'

Two weeks later, though, he'd cracked the hour and also put a bend in one of his uprights. 'It's a bit embarrassing when your glider bag's got a bump!' he joked. But I didn't even have an empty glider bag.

Work piled up. Was I really committed? Hell, I wanted to fly. Then came another phone call. He was off to Merthyr in Wales where he was hoping to get his first real soaring flight with a top landing. 'They say the flying there's brilliant. The ridge is perfect with plenty of space for long beats up and down instead of the short beats at Milk Wood, dodging that bowl and ending up like a swing without momentum . . . Just when are you going to get your glider?'

I tried: 'Well winter's coming on', but was less than gently reminded that winter can be the best time for the beginner to build up the hours. It may be cold, but with none of the summer's thermals about, the air can give some its smoothest rides in the chillier months. So it's the perfect time to rid the kingpost of its red ribbon and get on to a hi-tech, fifth generation glider and cross country flying, soaring those thermals no longer out of bounds.

Commitment? Well the summer's work is now done, the forecast is fine and there's still a day left so I think I'll go crack this egg 'in eight'.

GLOSSARY

AERODYNAMICS The study of air in motion.

AEROFOIL The shape of the wing section. (On a sailwing only when in flight.)

AIRSPEED The speed of an aircraft through the air.

ANGLE OF ATTACK The angle of which the airflow arrives at the wing.

ANGLE OF INCIDENCE The angle of the wing at any one point in relation to the keel tube (or fuselage datum).

ASPECT RATIO The ratio of the span to the average depth (chord) of the wing. High aspect has wide span, short chord. Low aspect has narrow span, long chord.

BANK The in-flight attitude when one wing is lower than the other.

BEAT Leg of course flown.

BILLOW The fullness of each half of the sail when in flight.

BILLOW SHIFT The movement of billow across span as profile adapts during flight.

CAMBER The curvature of the section of a wing leading edge to its trailing edge.

CHORD The shortest distance between the leading edge to the trailing edge of a wing section.

CUMULUS Small, separate, fluffy cloud which forms at the top of a thermal.

DRAG The resistance caused by movement through airflow.

FLARE (OUT) The action of reducing the glider's rate of descent for landing.

FLYING SPEED (See Airspeed.)

GLIDE RATIO The distance the glider can travel horizontally for a unit of lost height.

GROUND SPEED The speed of an aircraft over the ground which varies according to wind strength and direction.

GUST A sudden increase in windspeed.

GUST BAND Range of gusting wind. Minimum to maximum speed.

INDUCED DRAG Drag induced by wing generating lift. Lessens at high speed. Increases at low speed.

KARABINER CLIP The metal clip used to connect harness to hangpoint. Fitted with safety lock.

KEEL POCKET Loose sailcloth sleeve through which keel tube passes.

KEEL TUBE Central, structural tube running front to back.

KINGPOST Vertical tube protruding from hang glider's top. Integral to rigidity.

KNOTS The accepted expression for Nautical Miles (1nm = 1.1m) per hour and a measure of wind speed.

LEADING EDGE Front edge of wing.

LIFT [1] The upwards force created by the wing moving through the air or [2] air which is rising faster than the sinking speed of the glider.

LUFF LINES Lines running back from the kingpost to support the trailing edge. Prevents inversion of sailcloth.

MAX GLIDE A glider's highest rate of speed through the air.

MIN SINK A glider's lowest rate of descent.

NIL WIND Complete absence of wind.

PITCH Rotation of an aircraft about its lateral axis (nose up or down).

PROFILE DRAG Drag caused by resistance of pilot and wing through airflow.

REFLEX The slight upward curve designed into the rear part of an aerofoil.

RIDGE LIFT Lift encountered along front of ridge or hill..

ROLL Rotation of an aircraft about its longitudinal axis (left or right wing up or down).

SINK [1] The action of a glider descending or [2] an area of descending air.

STABILITY Inherent tendency for an aircraft to return to normal flying position.

STALL Point at which there is no longer sufficient lift to support an aircraft in the air.

STALLING SPEED Speed at which the stall occurs. Differs according to hang glider design.

SWAGE Machine-fitted terminal used to secure wire rigging.

THERMAL A large 'bubble' of warm air rising in which the glider can gain height.

TIP STRUT Tubular strut at wing tip, perpendicular to leading edge, promoting washout.

TRAILING EDGE The rear edge of the wing.

TURBULENCE Disturbed or gusty air which can affect the handling of an aircraft.

VENTURI EFFECT Squeezing effect as wind meets vertical face. Results in increased windspeed.

WASHOUT A twist in the wing which reduces the angle of incidence towards the wing tips. Aids low speed control.

WIND GRADIENT Reduced wing strength near the surface due to frictional effects.

WING TIP The outer end of the hang glider wing.

WING LOADING The wing area divided by the total weight of the glider including pilot.

YAW Rotation of an aircraft about its vertical axis (nose to left or right).

The following addresses may be of interest to the reader:

BRITISH HANG GLIDING ASSOCIATION – Cranfield Airfield, Cranfield, Bedfordshire MK43 0YR. Telephone: 0234 751 688.

ISLE OF WIGHT HANG GLIDING CENTRE – Tapnell Farm House, Yarmouth, Isle of Wight PO41 OYJ. Telephone: 0983 754042.

UNITED STATES HANG GLIDING ASSOCIATION
P.O. Box 500, Pearblossom, California 93553 USA